Payal S. Doalaskar
Rahul K. Kamble

Relâmpagos

Payal S. Doalaskar
Rahul K. Kamble

Relâmpagos

Ciência e risco

ScienciaScripts

Cover image: www.ingimage.com

This book is a translation from the original published under ISBN 978-620-7-80736-9.

Publisher:
Sciencia Scripts
is a trademark of
Dodo Books Indian Ocean Ltd. and OmniScriptum S.R.L publishing group

120 High Road, East Finchley, London, N2 9ED, United Kingdom
Str. Armeneasca 28/1, office 1, Chisinau MD-2012, Republic of Moldova, Europe
Printed at: see last page
ISBN: 978-620-7-96572-4

Relâmpagos
Ciência e risco

Payal S. Doalaskar
e
Rahul K. Kamble
Instituição de Ensino Superior, Investigação e Estudos Especializados em Ciências do Ambiente
Colégio Sardar Patel, Chandrapur, Índia

Dedicado a
as pessoas que perderam a vida num raio

Conteúdo

Prefácio

As alterações climáticas globais têm vários impactos adversos no nosso planeta Terra. Entre esses impactos, um dos principais é o raio. O número de incidentes com raios está a aumentar a um ritmo alarmante em todo o mundo e, em particular, na região de Vidarbha, no estado de Maharashtra, na Índia. À luz destas condições, este livro tenta explorar os incidentes de raios a nível da Índia, do estado de Maharashtra e de Vidarbha. Além disso, foi efectuada uma análise dos relâmpagos nos últimos 40 anos para determinar o número de incidentes, as vítimas humanas e animais. A ciência do raio é explicada. As medidas preventivas sugerem que se evite e proteja um indivíduo dos raios.

21 de junho de 2024

Dia Internacional da Celebração do Solstício

PSD

RKK

1 Introdução

Um dos perigos atmosféricos mais importantes que o homem enfrenta desde o início dos tempos é o raio. Este está fisicamente ligado à convecção intensa, uma vez que está ligado ao desenvolvimento de nuvens cumulonimbus. A intensidade da convecção atmosférica é indicada pela descarga eléctrica que se encontra nas trovoadas. Os relâmpagos ligados a estas trovoadas são extremamente perigosos e representam um risco subestimado para as pessoas e os bens. Todos os anos, os relâmpagos causam centenas de mortes em todo o mundo. Como resultado, numerosas pesquisas sobre mortes e lesões relacionadas com relâmpagos foram realizadas em vários países, incluindo Austrália (Coates et al., 1993) e Estados Unidos (Curren et al., 2000), China (Zhang et al.,2011), Brasil (Cardoso et al.,2014), Colômbia (Aldana et al.,2015), Reino Unido (Elsom, 2001), Canadá (Mills et al.,2008), Suazilândia (Dlamini, 2009) e Índia (Singh e Singh,2015). Cada uma destas investigações abordou o tema em grande escala. Mas nada se sabe sobre a importância das vítimas de raios em grandes áreas. Com o objetivo de melhorar a compreensão da micro-região, este estudo investiga a distribuição das vítimas de raios no estado de Maharashtra, na península indiana.

Esta região é reconhecida pelo seu terreno rochoso exposto, que permite a condução do solo a uma distância maior, aumentando assim a suscetibilidade da área a Há poucos estudos sobre mortes relacionadas com relâmpagos em Maharashtra, embora relativamente recentes, Sem contabilizar uma distribuição espacial e temporal, Gadge e Sigiriya (2013) e Sigiriya et al. (2014) examinaram as mortes por relâmpagos relacionadas com um período de tempo muito curto, uma área específica e casos de fatalidade relatados num hospital específico. O presente estudo faz um esforço para preencher essa lacuna de pesquisa, analisando a distribuição temporal e espacial dos acidentes com raios em todo o estado. As principais áreas de atenção para este estudo foram (1) a distribuição temporal e espacial dos acidentes com raios; (2) a variação regional dos acidentes com raios; (3) os acidentes com raios por género; e (4) os dez principais eventos de queda de raios.

Geralmente, a atividade dos relâmpagos é regulada pelas nuvens que crescem em convecção profunda. Durante a monção, os núcleos que se encontravam sobre a costa leste da Índia durante a pré-monção deslocam-se para os contrafortes ocidentais dos Himalaias (Ro Matschke et al., 2010). A convecção profunda é um fator de risco tanto para o continente marítimo como para as zonas offshore da Índia, de acordo com a investigação de Cecil et al. (2014). A forte corrente ascendente acelera a expansão vertical das formações de nuvens, favorecendo a formação de cristais de gelo e de líquido super-resfriado no interior do sistema convectivo. Os factores que contribuem para as variações na frequência ou no número de vítimas mortais provocadas pelo tempo severo nos EUA têm sido investigados, a fim de identificar fenómenos cujos efeitos possam ser previstos com maior precisão. Há provas do declínio notável do número de vítimas mortais de furacões e tornados (Pielke e Land Sea 1998; Gray 2003; Brooks e Doswell 2002). Tanto a taxa de mortalidade como o número total de mortes em muitos locais diminuíram em resultado de melhores técnicas de previsão, avisos públicos e acções adequadas, de acordo com estes estudos e outros relacionados. Foi estabelecido que, durante o último século, nos Estados Unidos, se registou um declínio significativo das mortes relacionadas com os raios, tanto em termos de percentagem como de número total de vítimas mortais (López e Holle 1998).

De acordo com Shearman e Ojala (1999), Cooke et al. (2007), Mills et al. (2010) e outros académicos, o raio é uma das ameaças atmosféricas mais potentes, impressionantes e omnipresentes com que os seres humanos alguma vez se depararam. Todos os anos, causa muitas vidas em todo o mundo e é uma ocorrência generalizada, particularmente em áreas tropicais e subtropicais. Estima-se que ocorram entre 6000 e 24.000 mortes por ano em todo o mundo (Gomes e Kadir, 2011). É possível que muitas vezes mais indivíduos sobrevivam com lesões permanentes, incapacidades transitórias e stress psicológico (Gomes e Kadir, 2011). De acordo com Mills et al. (2010), os sectores afectados são as telecomunicações, os transportes, a saúde, o imobiliário, os seguros, a silvicultura, a produção, transmissão e distribuição de energia, a agricultura e o turismo e recreio. Curiosamente, quase não se efectuou uma recolha sistemática.

Os factores que contribuem para as flutuações na quantidade ou frequência das mortes relacionadas com as condições meteorológicas nos EUA têm sido investigados a fim de identificar padrões cujos efeitos possam ser previstos com maior fiabilidade. Foi demonstrado que se registou um declínio notável no número de vítimas mortais de tornados (Brooks e Doswell 2002) e furacões (Pielke e Land Sea 1998; Gray 2003).

Estes estudos e outros relacionados demonstram que a melhoria das técnicas de previsão, juntamente com alertas públicos e acções adequadas, ajudaram a reduzir tanto o número total de mortos como a taxa de mortalidade em numerosas áreas. No que diz respeito aos raios, registou-se um declínio significativo no número de vítimas mortais em geral e em termos de taxa de mortalidade nos Estados Unidos durante o último século (López e Holle 1998).

Os relâmpagos ocorrem com frequência, particularmente em áreas tropicais e subtropicais, e são uma importante fonte de mortes e lesões anuais. Estima-se que ocorram entre 6 000 e 24 000 mortes por ano em todo o mundo [1-3]. Cerca de dez vezes mais pessoas são feridas por raios do que mortas por eles, pelo menos nos países desenvolvidos [4]. Infelizmente, um grande número de sobreviventes tem deficiências neurológicas que são permanentemente incapacitantes e podem impedi-los de regressar ao trabalho, o que significa que as suas famílias terão de lidar com maiores exigências e stress, bem como com menos rendimentos.

Menos de 10% de todas as ocorrências depois de 1987 tinham informação de data ou hora em falta, em comparação com quase 60% de todos os eventos na década de 1960. Durante o período de estudo, os dados sobre tempestades incluíram 3239 mortes registadas, 9818 feridos e 19 814 casos de danos materiais relacionados com raios. Em comparação com outros fenómenos meteorológicos como tornados e furacões, as vítimas e danos causados por raios são frequentemente menos dramáticos e mais distribuídos ao longo do tempo. Consequentemente, as vítimas mortais e os danos materiais relacionados com os raios não são suficientemente registados em comparação com outros riscos meteorológicos e recebem menos atenção dos meios de comunicação social do que estes incidentes significativos.

Por exemplo, Mogil et al. (1977) descobriram que o Texas tinha 33% mais mortes por raios.

Table :1

Whether type	30-yr year	deaths	per 1994 deaths	1994 injuries
Flash flood	139		59	33
River flood			32	14
Lightning	87		69	484
Tornado	82		69	1067
Hurricane	27		9	45
Extreme temperature			81	298
Winter weather			31	2690
Thunderstorm wind		17		315
Other high wind		12		61
Fog other			3 6	99 59
Total		388		5165

Antecedentes

Os relâmpagos na Índia são um fenómeno natural poderoso e muitas vezes mortal. Vamos, então, aprofundar os pormenores;

- A Índia regista um número significativo de quedas de raios, que resultam em mortes e ferimentos.
- Entre abril de 2020 e março de 2021, registaram-se mais de 18 milhões de raios em todo o país.
- Entre 1967 e 2019, os relâmpagos causaram a morte de mais de 100 000 pessoas na Índia.
- Isto representa mais de um terço de todas as mortes causadas por riscos naturais durante esse período.
- Distribuição geográfica:
- A frequência de queda de raios é mais elevada nos estados do nordeste e em regiões como Bengala Ocidental, Sikkim, Jharkhand, Odisha e Bihar.
- No entanto, o número de mortes relacionadas com relâmpagos é mais elevado nos estados da Índia central, como Madhya Pradesh,

Maharashtra, Chhattisgarh e Odisha.

Região da Índia em relação ao EI Nino

Ao longo da história da humanidade, o raio provou ser um perigo meteorológico poderoso e imprevisível (Cooray et al., 2007; Mills et al., 2910). Com uma taxa anual de fatalidade de 2234 na Índia de 2001 a 2014, o número de vítimas destaca os perigos do raio como um fenómeno mortal (Del goad e Rajapandian, 2016).

Verificou-se que há menos relâmpagos em terrenos planos do que em terrenos íngremes. Devido à elevada densidade populacional do primeiro, mesmo relâmpagos mais curtos tiram a vida a muitas pessoas devido ao aumento das possibilidades de serem atingidas por um raio (Yadava et al.,2020).

Fases da Oscilação EI Nino-Sul (ENSO)

Influenciando fortemente tanto a taxa média de flashes como a quantidade de flashes, o El Nino- Southern Oscillation (ENSO) é um fenómeno de escala planetária que ocorre naturalmente e está ligado a flutuações nas temperaturas da superfície do mar sobre o Oceano Pacífico tropical (Kumar e Kamra, 2012).É um dos modos mais dinâmicos de variabilidade climática, que se dividem em três fases: neutra, fria La Nina, e quente El Nino. De acordo com Williams (1992) e Kulkarni e Singh (2014), o ENSO desempenha um papel fundamental no movimento do calor, da humidade e do momentum, bem como na regulação da frequência, da intensidade e da posição da convecção profunda e da atividade dos relâmpagos que a acompanha. Cada uma das duas ocorrências dura aproximadamente um ano, e geralmente acontecem a cada dois a sete anos em diferentes intensidades, alternando com intervalos neutros e de menor intensidade.

Causas dos relâmpagos

- Os relâmpagos resultam da acumulação de um excesso de carga eléctrica numa região de uma nuvem, seja ela positiva ou negativa.

- Inicialmente, o ar actua como um isolador entre estas cargas no interior da nuvem e entre as nuvens e o solo.
- Quando as cargas se separam suficientemente, a resistência do ar quebra-se, dando origem a uma descarga visível de eletricidade.

Objectivos

Estudar as tendências nacionais e internacionais em matéria de raios e fatalidade.

Estudar Examinar os padrões de queda de raios e ferimentos nos distritos de Chandrapur. Estudar as repercussões das tendências de incidência de raios sentidas por trabalhadores, animais, idosos e crianças.

Definições conceptuais

O estudo sobre os relâmpagos na Índia, Maharashtra, Vidarbha e Chandrapur define concetualmente os vários termos no título do estudo, de acordo com o dicionário Oxford e o Thesaurus de Julia Elliott 2007, como sendo um período de clarão de luz produzido por uma descarga eléctrica entre as nuvens ou entre as nuvens e o solo.

Definição operacional

- O relâmpago é uma faísca gigante de eletricidade na atmosfera entre as nuvens, o ar ou o solo.
- Nas primeiras fases de desenvolvimento, o ar actua como um isolador entre as cargas positivas e negativas da nuvem e o solo.
- Nomeie alguém para observar os céus durante o seu trabalho ou recreio ao ar livre.

Os dez principais eventos de queda de raio

Para além de mostrarem diferenças no número de vítimas anuais, sazonais e mensais de pessoas atingidas por raios entre 1979 e 2011, estes dados também mostram variações temporais na atividade dos raios e, em certos anos, é registado um elevado número de vítimas de um único incidente em todo o Maharashtra.

Âmbito do estudo

Estas vão desde a resposta humana à luz até todos os aspectos da ciência da geração de luz, controlo da luz, todos os aspectos dos projectos de iluminação, incluindo equipamento para ambientes interiores e exteriores, bem como luzes diurnas, eficiência energética e capacidade de coloração.

Esboço do livro

A tese está estruturada em cinco capítulos. O Capítulo 1 apresenta os antecedentes do tema de estudo, o enunciado do problema, o objetivo do estudo, as questões de investigação a abordar, a fundamentação, as definições conceptuais e operacionais e o âmbito do estudo. Este capítulo é seguido de um capítulo de revisão da literatura. O Capítulo 2 apresenta uma análise aprofundada da literatura e das investigações relacionadas com o tema do estudo. Inclui a revisão de artigos de investigação publicados e em linha, relatórios, livros, etc. Inclui a análise dos resultados obtidos por vários autores relativamente ao relâmpago na Índia a nível internacional e nacional. A(s) lacuna(s) foi(ram) identificada(s) no domínio do assunto através da revisão da literatura. O capítulo 3 descreve os materiais e os métodos utilizados na realização deste estudo. Descreve a área de estudo, o clima e a pluviosidade. Além disso, são indicadas as ferramentas estatísticas utilizadas para efetuar diferentes análises. Os resultados e as discussões do estudo são apresentados no Capítulo 4. Apresenta a distribuição espacial e temporal dos raios na Índia, no distrito de Chandrapur. Também fornece resultados sobre a distribuição das concentrações destes dois metais pesados em função da profundidade da fonte de água e outras análises adicionais. As fontes plausíveis para a presença destes raios na Índia são também discutidas neste capítulo. Os resultados obtidos neste estudo foram discutidos com os resultados obtidos por outros autores. O capítulo 5 apresenta um resumo e as conclusões retiradas do estudo. Para além destas implicações, também se referem o âmbito futuro dos estudos, a contribuição social, as recomendações e as limitações do estudo.

O Capítulo 5 apresenta um resumo e os resultados do estudo. Além disso, são mencionados os limites, as recomendações e o impacto social do estudo, bem como as implicações para a investigação futura.

Resumo

Este estudo examina o número de pessoas mortas no estado indiano de Maharashtra por queda de raios. Os registos de 1979 a 2011 indicam que 455 quedas de raios resultaram em cerca de 2363 vítimas. Foi registada uma média anual de 72 vítimas, com uma notável tendência para o aumento. Seis distritos em Nagpur, Chandrapur, Yavatmal, Nashik, Amravati e Akola são responsáveis por cerca de 51% das ocorrências e 46% das vítimas. Curiosamente, em comparação com a segunda maior região de Marathwada, a região de Vidarbha registou quase quatro vezes mais ocorrências de raios e cerca de três vezes mais feridos. Foi determinado que o estado tem uma taxa anual de fatalidade de 0,15 e 0,82 por milhão de habitantes e por evento de raio, respetivamente. A maioria das vítimas são homens e não mulheres e crianças.

Referências

Blumenthal R. 2005. Mortes por relâmpagos no Highveld sul-africano: um estudo descritivo retrospetivo para o período 1997-2000.

Adekoya N, Nolte KB. 2005. Mortes causadas por raios nos Estados Unidos. J. Environ. Health 67: 45-50. Aguado M, Hermoso B, Arnos A, Sarris L. 2000.

Aldana NN, Cooper MA, Holle RL. 2014. Mortes por raios na Colômbia de 2000 a 2009. Nat. Hazards. 74(3): 1349-1362, DOI: 10.1007/s11069-014-1254-9. Anderson R. 1879.

Am. J. Forensic Med. Pathos. 26: 66-69. Cardoso I, Pinto O, Pinto

IRCA, Holle R. 2014. Demografia de vítimas de raios no Brasil e suas implicações para as normas de segurança.

Uma avaliação dos efeitos e custos económicos do raio em Navarra (Espanha) de 1950 a 1999. 25th International Conference on Lightning Protection, 18-22 de setembro de 2000, Rhodes, Grécia; 798-801.Atmos. Res. 135-136: 374-379. Castle WM, Kreft J. 1974.

C. Gomes, M.Z.A. Ab Kadir, 2011: "Uma abordagem teórica para estimar os riscos anuais de raios para os seres humanos". Atmospheric Research, Vol. 101, pp. 719-725, 2011 Coates, L., Blong, R., e Siciliano, F., 1993. Lightning fatalities in Australia 1824-1991, Natural Hazards, v.8, pp: 217-233.

Curran EB, Holle RL, Lopez RE. 2000. Acidentes e danos causados por raios nos Estados Unidos de 1959 a 1994.

Curran, E.B., Holle, R.L., e Lopez, R.E., 2000. Lightning casualties and damages in the United States from 1959 to 1994, *Journal of Climate*, v.13, pp: 3448-3464.

De, U.S., Dube, R.K., e Rao, G.S.P., 2005. Extreme weather events over India in the last 100 years, *Journal of Indian Geophysical Union*, v.9, pp: 173-187. Dlamini, W.D., 2009. Lightning fatalities in Swaziland: 2000-2007, Natural Hazards, v.50, pp: 179-191.

Mortes e lesões causadas por raios no Reino Unido: análise de duas bases de dados. Atmos. Res. 56: 325-334.

Mortes causadas por raios em Inglaterra e no País de Gales, 1852-1990. Weather 48: 83-90. Elsom DM. 2001.

Duclos PJ, Sanderson LM, Klontz KC. 1990. An epidemiological description of lightning- related deaths in the United States. Int. J. Epidemiol. 19: 673-679.

Duclos PJ, Sanderson LM. 1990. Mortes por raios na Suazilândia:

2000-2007. Nat. Hazards 50: 179-191.

Elsom DM. 1993. Lightning related mortality and morbidity in Florida. Public Health Rep. 105: 276-282.

Elsom, D.M., 2001. Mortes e ferimentos causados por raios no Reino Unido: análise de duas bases de dados, *Atmospheric Research*, v.56, pp: 325-334.

Eriksson A, Smith M. 1986. Um estudo das mortes por raios e incidentes relacionados na África Austral.

G.K., Padgaonkar, S.S., e Tiemaker, M.I.R., 1999. Thunderstorm activity over India and the Indian southwest monsoon, Journal of Geophysical Research, v.104, pp: 4169- 4188. Mills, B., Unrau, D., Parkinson, C., Jones, B., Yesses, J., Spring, K., e Pent low, L., 2008. Assessment of lightning related fatality and injury risk in Canada, Natural Hazards, v.47, pp: 157-183.

Gadge, S.J., e Sigiriya, M.B., 2013. Lightning: a 1 year study of fatal cases at SVNGMC Yavatmal, *Journal of Forensic Medicine, Science and Law*, v.22, pp: 1-5. Departamento Meteorológico da Índia, 1931. The structure of the Seabreeze at Poona, Scientific Notes, v.3, pp: 131-134.

I. Cardoso, O. Pinto Jr., I. R. C. A. Pinto, R. Holle, "A new approach to estimate the annual number of global lightning fatalities" 14th International Conference on Atmospheric Electricity, Rio de Janeiro, Brasil, agosto de 2011.

J. Clim. 13: 3448-3464. Dash SK, Hunt JCR. 2007. Variabilidade das alterações climáticas. Curr. Sci. 96: 782-788. Dlamini WD. 2009.

J. Electrostatic 25: 43-47. Cooray V, Cooray C, Andrews CJ. 2007. Lightning caused injuries in humans. 65: 386-394.

L, Blong R, Siciliano F. 1993. Um inquérito sobre mortes na Rodésia causadas por raios. Cent. Afr. J. Med. 20: 93-95. Coates.

Para-raios: Their History, Nature, and Mode of Application. E. & F.N

Spon: Londres; 256 pp. Baker T. 1984.

Mortes por raios na Grã-Bretanha e Irlanda. Meteorologia 40: 232-234.

Bhuiyan MR, Kale VS, Pawar NJ. 2007. Tendências a longo prazo da temperatura máxima, mínima e média anual do ar no Noroeste dos Himalaias durante o século XX. Clim. Chang. 85: 159-177.

Bhuiyan MR, Kale VS, Pawar NJ. 2010. Alterações climáticas e variações da precipitação no noroeste dos Himalaias: 1866-2006. Int. J. Climate

Mortes por raios na Austrália, 1824-1991. Nat. Hazards 8: 217-233. Cooper MA. 2001. A incapacidade e não a morte é o principal problema.

Relâmpagos: um estudo de 15 anos de casos fatais no SVNGMC Yavatmal. J. Forensic Med. Sci. Law 22: 1-5.

Golde RH, Lee WR. 1976. Morte por raio.

M. Cherington, J. Walker, M. Boyson, R. Glancy, H. Hedegaard, S. Clark, "Closing the gap on the atual numbers of lightning casualties and deaths", Preprints, 11th Conf.

Murli Das, S., Mohankumar, G., e Sampath, S., 2009. Investigações sobre os mecanismos de envolvimento de objectos e pessoal em desastres com relâmpagos, Journal of Lightning Research, v.1, pp: 36-51.

Murli Das, S., Sampath, S., e Mohankumar, G., 2007. Lightning hazard in Kerla, Journal of Marine and Atmospheric Research, v.3, pp: 111-117.

Padgaonkar, S.S., Tiemaker, M.I.R., e Kulkarni, M.K., 2008. Two-year observational study of lightning and rainfall activity over Maharashtra, India, International Journal of Meteorology, v.33, pp: 39-48.

R. L. Holle, "Annual rates of lightning fatalities by country", Preprints, International Lightning Detection Conference, Tucson, Arizona,

Vaisala, abril de 2008.

S, Aldana, N.N., Cooper, M.A., e Holle, R. L., 2015. Lightning fatalities in Columbia from 2000 to 2009, *American Meteorological Association*, v.7, pp: 1-6. Cardoso,

I., Pinto, O., Pinto, I.R.C.A., e Holle, R., 2014. Demografia de vítimas de raios no Brasil e suas implicações para as regras de segurança, Atmospheric Research, v.135- 136, pp: 374-379.

Sigiriya, M.B., Gadhafi, R.K., Jadhav, V.T., Tingn., C.V., e Kumar, N.B., 2014. Study of fatalities due to lightning in Nagpur region of Maharashtra, Journal of the Indian Academy of Forensic Medicine, v.36, pp: 259-262. Trans. S. Afr. Inst. Electra. Eng. 77: 163-178.

Observação TRMM da relação global entre o conteúdo de água gelada e os relâmpagos, Geophysical Research Letters, L14819, v.32.

Gore PG, Prasad T, Hathwar HR. 2010. Mapeamento de áreas de seca na Índia. Relatório do Centro Nacional do Clima (NCC) n.º 12, Departamento Meteorológico da Índia, Pune. Groubert E. 1999.

Lesões causadas por raios em seres humanos em França. 11ª Conferência Internacional sobre Eletricidade Atmosférica, Guntersville, AL, NASA/CPP-1999-209261; 214-217.

Holle RL. 2008. Taxas anuais de mortes por raios por país.

20ª Conferência Internacional sobre Deteção de Raios 21-23 de junho, Tucson, AZ, EUA e 2ª Conferência Internacional sobre Meteorologia de Raios 24-25 de abril, Tucson, AZ, EUA. Holle RL, Lopez RE. 2003.

Uma comparação das actuais taxas de mortalidade por iluminação nos EUA com outros locais e épocas. In: Preprints, International Conference on Lightning and Static Electricity, Royal Aeronautical Society, 16-18 de setembro, Blackpool, Inglaterra, documento 103-34 KMS.

Holle RL, Lopez RE, Navarro BC. 2005. Mortes, ferimentos e danos causados por raios nos Estados Unidos na década de 1890 em comparação com a década de 1990.J. Appl. Meteoric. 44: 1563-1573.

Hornstein RA. 1962. Canadian lightning deaths and damage. Meteorological Branch, Department of Transport, Canada, CIR-3719, TEC-423, 11 de setembro de 1962, 5 pp.

Padgaonkar SS, Tiemaker MIR, Kulkarni JR, Nath A. 2003. Variação diurna da atividade dos relâmpagos na região da Índia. Geophysics. Res. Lett. 30: 20-22.

Lopez RE, Holle RL. 1995. Demografia das vítimas de raios. Semin. Neurol. 15: 286-95.

Lopez RE, Holle RL. 1996. Flutuação dos acidentes com raios nos Estados Unidos: 1959-1990. J. Clim. 9: 608- 615.

Lopez RE, Holle RL. 1998. Changes in the number of lightning deaths in the United States during the Twentieth Century. J. Clim. 11: 2070-2077.

Lopez RE, Holle RL, Heitkamp TA, Boyson M, Cherington M, Langford K. 1993. The underreporting of lightning injuries and deaths in Colorado. Bull. Am. Meteoric. Soc. 74: 2171-2178.

Manohar GK, Sarkar AP. 2005. Climatology of thunderstorm activity over Indian region: latitudinal and seasonal variation. Mausam 56: 581-592.

Bhuiyan MR, Kale VS, Pawar NJ. 2010. Alterações climáticas e variações da precipitação no noroeste dos Himalaias: 1866-2006. Int. J. Climate. 30: 535-548.

Blumenthal R. 2005. Mortes por relâmpagos no Highveld da África do Sul: um estudo descritivo retrospetivo para o período 1997-2000. Am. J. Forensic Med. Pathos. 26: 66-69.

Cardoso I, Pinto O, Pinto IRCA, Holle R. 2014. Demografia de vítimas de raios no Brasil e suas implicações para as regras de segurança. Atmos. Res. 135-136: 374-379.

Castle WM, Kreft J. 1974. Um inquérito sobre mortes na Rodésia causadas por raios. Cent. Afr. J. Med. 20: 93-95.

Coates L, Blong R, Siciliano F. 1993. Mortes por raios na Austrália, 1824-1991. Nat. Hazards 8: 217-233.

Cooper MA. 2001. A incapacidade e não a morte é o principal problema. Nat. Weather Dig. 25: 43-47.

Cooray V, Cooray C, Andrews CJ. 2007. Lesões causadas por raios em seres humanos. J. Electrostatic. 65: 386-394.

Curran EB, Holle RL, Lopez RE. 2000. Acidentes e danos causados por raios nos Estados Unidos de 1959 a 1994. J. Clim. 13: 3448-3464.

Dash SK, Hunt JCR. 2007. Variabilidade das alterações climáticas. Cur. Sci. 96: 782-788.

Duclos PJ, Sanderson LM. 1990Fatalidades causadas por relâmpagos na Suazilândia: 2000-2007. Nat. Hazards 50: 179-191. Uma descrição epidemiológica das mortes relacionadas com relâmpagos nos Estados Unidos. Int. J. Epidemiol. 19: 673-679.

Duclos PJ, Sanderson LM, Klontz KC. 1990. Lightning related mortality and morbidity in Florida. Public Health Rep. 105: 276-282.

Elsom DM. 1993. Mortes causadas por raios em Inglaterra e no País de Gales, 1852-1990. Weather 48: 83-90.

Elsom DM. 2001. Mortes e lesões causadas por relâmpagos no Reino Unido: análise de duas bases de dados. Atmos. Res. 56: 325-334.

Eriksson A, Smith M. 1986. Um estudo das mortes por raios e incidentes relacionados na África Austral. Trans. S. Afr. Inst. Electra. Eng. 77: 163-178.

Gadge SJ, Sigiriya MB. 2013. Relâmpago: um estudo de 15 anos de casos fatais no SVNGMC Yavatmal. J. Forensic Med. Sci. Law 22: 1-5.

Golde RH, Lee WR. 1976. Morte por raio. Proc. Inst. Elec. Eng. 123: 1163-1180.

Gomes C, Kadir MZAA. 2011. Uma abordagem teórica para estimar os riscos anuais de raios em seres humanos. Atmos. Res. 101: 719-725.

Gore PG, Prasad T, Hathwar HR. 2010. Mapeamento de áreas de seca na Índia. Relatório n.º 12 do Centro Nacional do Clima (NCC), Departamento Meteorológico da Índia, Pune.

Groubert E. 1999. Lesões causadas por raios em seres humanos em França. 11ª Conferência Internacional sobre Eletricidade Atmosférica, Guntersville, AL, NASA/CPP-1999-209261; 214-217.

Holle RL. 2008. Taxas anuais de mortes por raios por país. 20ª Conferência Internacional sobre Deteção de Raios 21-23 de junho, Tucson, AZ, EUA e 2ª Conferência Internacional sobre Meteorologia de Raios 24-25 de abril, Tucson, AZ, EUA.

Holle RL, Lopez RE. 2003. A comparison of current lighting death rates in the U.S. with other locations and times. In: Preprints, International Conference on Lightning and Static Electricity, Royal Aeronautical Society, 16-18 de setembro, Blackpool, Inglaterra, documento 103-34 KMS.

Holle RL, Lopez RE, Navarro BC. 2005. Mortes, ferimentos e danos causados por raios nos Estados Unidos na década de 1890 em comparação com a década de 1990. J. Appl. Meteoric. 44: 1563-1573.

Hornstein RA. 1962. Canadian lightning deaths and damage. Meteorological Branch, Department of Transport, Canada, CIR-3719, TEC-423, 11 de setembro de 1962, 5 pp.

2. Revisão da literatura

Introdução

Este capítulo utiliza obras publicadas e em linha, livros, relatórios e numerosas publicações periódicas para investigar estudos e literatura pertinentes sobre o tema. Através de uma análise da literatura, que inclui referências à base de dados do Indian Metrological Department (IMD), em Pune, bem como a sítios Web de revistas como PubMed, ScienceDirect, Web of Science, N-List, Google Scholar
e Semantic Scholar, oferece uma compreensão completa do assunto. A avaliação da literatura incluiu resultados de várias investigações em cada área. O objetivo deste capítulo foi destacar áreas de estudo que necessitam de investigação e conhecimentos adicionais neste domínio.

Lógica da revisão da literatura

A informação de base sobre o tema, que envolve estudos realizados por vários autores em todo o mundo, é fornecida através de uma revisão da literatura e das investigações relacionadas. O padrão de investigação efectuado por diferentes autores, bem como o progresso e desenvolvimento contínuos do tema, são também clarificados por esta revisão. O conhecimento abrangente sobre o assunto é fornecido pela revisão efectuada através de material publicado e em linha. A avaliação do trabalho encontra lacunas no corpo do trabalho que devem ser preenchidas para uma compreensão completa do assunto. Além disso, oferece oportunidades para incorporar novas perspectivas no tópico atual.

Objectivos da revisão da literatura e dos estudos relacionados

Os objectivos da análise da literatura e da investigação relacionadas são os seguintes

1. Conhecer os dados e as tendências da investigação realizada à escala nacional e mundial sobre os raios na Índia.
2. Obter dados e uma panorâmica da investigação efectuada,

especificamente no distrito de Chandrapur, sobre o Lightning na Índia.

3. Compreender o grau de execução das várias facetas abrangidas por estas investigações.

Descoberta internacional

De acordo com Girish e Eapen (2008), a atividade dos relâmpagos é mais elevada quando a atividade das manchas solares está a diminuir e é mais baixa, e é mais baixa quando a atividade das manchas solares está no seu ponto mais alto. Este estudo utilizou as observações de relâmpagos e de radar do TRMM para examinar dois problemas específicos: 1) a relação fundamental entre a massa de gelo da precipitação e a densidade de relâmpagos; e 2) o grau em que esta relação varia nas regiões oceânicas, costeiras e continentais, numa média global. Dado que há fluxos verticais suficientes de gelo e geração de carga associada através de mecanismos de carga baseados em NIC, levantamos a hipótese de que a relação entre o caminho da água gelada e a densidade de relâmpagos deve exibir alta correlação e ser independente do regime (Welter A. Petersen et al.2005).

De acordo com yuan et al. (2011), verificou-se uma atividade de relâmpagos invulgarmente elevada quando se verificou uma carga elevada de aerossóis provenientes de uma fonte vulcânica. Descobriu-se que um aumento de cerca de 60% na carga de aerossóis corresponde a um aumento de relâmpagos de cerca de 150%. Nos últimos anos, foram realizadas e publicadas na literatura formal algumas investigações noutros locais. Há várias décadas que são recolhidos e publicados dados nacionais sobre a mortalidade causada por raios na Austrália, Canadá, Japão, Estados Unidos e Europa Ocidental. Apesar da elevada frequência de relâmpagos, é difícil recolher estatísticas nacionais sobre a mortalidade causada por relâmpagos em muitos países, particularmente em locais tropicais. A presente investigação oferece o primeiro registo nacional completo de mortes por raios na Colômbia, o que ajuda a colmatar parcialmente esta lacuna. O Departamento Administrativo Nacional de Estatística forneceu dados para os anos de 2000 a 2009, que foram então categorizados com base no ano, mês, sexo, idade e localização de cada fatalidade. Os departamentos geográficos tiveram acesso a esses dados para verificar.

O Serviço Australiano de Estatística, Sydney (ABS), dados de 1910 a 1963, dados dos Registos de Nascimentos, Óbitos e Casamentos nos vários Estados e Territórios através do Serviço Australiano de Estatística, Camberra (ABS+), dados de 1964 a 1988, e dados do ABS para 1989 a 1990 foram acrescentados à informação do SMH. A queda de um raio não é descrita em pormenor nem pelo ABS nem pelo ABS+. Além disso, o mês de registo do óbito é registado nas estatísticas do ABS em vez do mês em que ocorreu o raio. Dependendo do Estado, a diferença entre os dois é normalmente inferior a duas semanas ou dois meses, embora possa variar até dois anos, consoante o tempo que demora a investigação do médico legista. Assim, são analisadas as caraterísticas do incidente, que incluem 5.033 mortos, 4.670 feridos e 61.614 danos registados. Relativamente à dispersão geográfica dos relâmpagos na China, as regiões costeiras do leste e do sul registam mais relâmpagos do que as regiões ocidentais. Os meses de verão, de julho a setembro, são as alturas mais comuns para a ocorrência de desastres provocados por raios, sendo os meses de inverno, de outubro a março, os que registam menos danos. Estas datas correspondem de perto à variabilidade temporal da frequência dos raios na China. Na China, o número de mortes e danos materiais relacionados com raios aumentou entre 1997 e 2007, antes de começar a diminuir em 2008. O número de feridos e de mortos por milhão de pessoas no país é de 0,28 e 0,31, respetivamente, por ano. 51 e 29% das mortes e lesões relacionadas com os raios ocorrem em zonas rurais.

Utilizando a Base de Dados Nacional de Riscos de Raios, apresenta-se um resumo das mortes, ferimentos e danos materiais documentados relacionados com raios na China de 1997 a 2009. Consequentemente, é efectuada uma análise dos atributos do incidente, abrangendo 5.033 mortes, 4.670 feridos e 61.614 relatórios de danos. De acordo com a distribuição espacial dos desastres com raios na China, as regiões costeiras do sul e do leste registam mais desastres com raios do que as regiões ocidentais. Existe uma correlação substancial entre a variabilidade temporal da frequência dos raios na China e a frequência das catástrofes provocadas por raios, que ocorrem principalmente nos meses de verão, de julho a setembro, e causam menos danos nos meses de inverno, de outubro a março. A China registou um aumento de mortes e danos materiais relacionados com raios de 1997 a 2007, após o que começou a diminuir em 2008. A taxa de ferimentos e mortes por milhão de habitantes do país.

Apesar de não terem sido realizados muitos estudos deste tipo ou de colaboração na literatura oficial nos últimos dez anos noutras áreas, incluindo Austrália, Canadá, Japão, Estados Unidos e Europa Ocidental. Apesar da elevada frequência de relâmpagos, é difícil reunir estatísticas nacionais sobre a mortalidade causada por relâmpagos em muitas nações, particularmente em locais tropicais.

Conclusões nacionais

Dado que 64% dos casos de queda de raios resultam em morte, a distribuição de vítimas e vítimas mortais é aproximadamente igual. A maioria dos relâmpagos e das vítimas mortais localizou-se nos distritos da região de Vidarbha. Em comparação com a segunda região mais alta, Marathwada, a região de Vidarbha regista mais de quatro vezes mais ocorrências de raios. Observados nas regiões de Kokan, Norte, Marathwada e Vidarbha. Além disso, os distritos de Yavtmal, Nashik, Amravati e Akola são os mais afectados, sendo responsáveis por cerca de 51% de todos os raios, 44% de todas as mortes, 52% de todos os feridos e 46% de todas as vítimas no estado. Durante a sua investigação sobre o risco de queda de raios em Kerala, Murli Das et al. (2007, 2009) observaram

Podem percorrer distâncias comparativamente maiores, o que os torna mais susceptíveis à queda de raios (Murli Das et al., 2007, 2009). Em termos de quantidade de queda de raios, mortes, ferimentos e vítimas durante o período de estudo, Nagpur é o distrito mais importante. No distrito de Nagpur, cada incidente resultou em cerca de três vítimas. Para além disso, verificou-se que os distritos com maior número de ocorrências de raios também tendem a ter maior número de vítimas, e vice-versa.

Além disso, a média de ferimentos registados em Maharashtra é de 0,56 por morte. Não se registou qualquer tendência percetível na distribuição geográfica do rácio entre feridos e mortos. Ratnagiri, Parbhani, Dhule, Jalgaon, Mumbai e Wardha estão entre os distritos com um número marginalmente mais elevado de queda de raios (Murli Das et al., 2007, 2009). Em termos de quantidade de raios, mortes, ferimentos e vítimas durante o período de estudo, Nagpur é o distrito mais importante. No distrito de Nagpur, cada incidente resultou em cerca de três vítimas. Para além disso, verificou-se que os distritos com maior número de ocorrências de relâmpagos também tendem a ter maior número de vítimas, e vice-versa.

Além disso, a média de ferimentos registados em Maharashtra é de 0,56 por morte. Não se registou qualquer tendência discernível na distribuição geográfica do rácio lesões/mortes. Ratnagiri, Parbhani, Dhule, Jalgaon, Mumbai e Wardha estão entre os distritos com rácios de mortes e lesões marginalmente mais elevados; os restantes distritos têm rácios de lesões e mortes mais elevados. (Curren et al.,2000)

Apesar de a Colômbia considerar os 18 anos como a idade da maioridade, as pessoas com 14 anos ou menos são consideradas "crianças" para efeitos médicos. Descobriu-se que 90 crianças tinham sido atingidas por um raio. mortes (12%), com uma idade média de 4,8 anos (desvio padrão: +/- 0,1 anos). Trinta e um (34%) e cinquenta e nove (66%) eram do sexo feminino (rácio homem:mulher: 1,9:1). Das mulheres em idade fértil, oito (7,3%) estavam grávidas à data do óbito, enquanto 51 (47%) não estavam grávidas. Verificou-se que o estado de gravidez era desconhecido em cerca de metade dos casos (46%).

A investigação demonstra que os efeitos dos raios variam significativamente entre os países desenvolvidos e em desenvolvimento. Uma tabela com as mortes por raios por milhão e mapas Os indivíduos diferem consoante o país. A taxa de mortes por raios nos Estados Unidos, ponderada pela população, diminuiu mais de dez vezes desde o seu pico há cerca de um século. Devido à urbanização, à maior disponibilidade de estruturas à prova de raios e à prevalência de carros com capota metálica totalmente fechada, a taxa ponderada de mortes por raios em muitos países menos desenvolvidos pode estar estável ou a diminuir gradualmente. No entanto, o número real de vítimas de raios pode continuar a aumentar como resultado destes factores, uma vez que pode haver um aumento do número total de trabalhadores agrícolas vulneráveis a raios que vivem e trabalham em casas e outras estruturas perigosas.

Singularidade do estudo

A singularidade deste estudo, que o torna diferente de outros estudos efectuados a nível nacional e internacional, inclui o facto de este ser talvez o primeiro estudo sobre relâmpagos. Os relâmpagos, com a sua beleza deslumbrante e temível, continuam a ser uma força enigmática da natureza. Recentemente, um estudo pioneiro da Universidade de New Hampshire (UNH) iluminou um aspeto crucial que tinha escapado aos cientistas desde os dias da experiência do papagaio de Ben Franklins: como é que o relâmpago começa realmente dentro de uma nuvem de tempestade.

1) O mistério do início dos relâmpagos: na comunidade científica, duas grandes teorias disputam a supremacia no que respeita à origem dos relâmpagos;

Teoria dos raios cósmicos: Propõe que os raios cósmicos do espaço exterior aumentam o campo elétrico dentro das nuvens de tempestade.

Teoria da iniciação do hidrómetro: Sugere que uma série de processos subatómicos fazem com que os electrões no interior da nuvem formem serpentinas, que são filamentos de plasma frio, à medida que se formam mais serpentinas, ocorre uma avalanche, aumentando o campo elétrico de fundo e criando um canal de líder quente - o caminho para o relâmpago viajar para fora da nuvem.

O desafio consiste em observar estes processos no interior de uma nuvem de tempestade. As câmaras que voam para dentro das nuvens não têm sido muito bem sucedidas, pelo que os cientistas recorreram a um grande conjunto de radiotelescópios chamado LOFAR, nos Países Baixos. Estes telescópios captam as ondas de rádio geradas pelos relâmpagos.

2) A descoberta surpreendente:

Em 2018, o LOFAR registou um evento luminoso significativo que chamou a atenção dos investigadores.

O estudante de doutoramento da UNH, Chris Sterpka, analisou meticulosamente uma montanha de dados do LOFAR para obter imagens pormenorizadas do momento exato em que o relâmpago pode ter começado.

Utilizando ondas de rádio à escala dos nanossegundos, Sterpka reconstruiu um mapa tridimensional do processo de iniciação do relâmpago.

Os resultados foram inovadores: as serpentinas eram de facto as fontes de relâmpagos, apoiando a teoria da iniciação do hidrómetro.

Sterpka sublinha o significado: "É a primeira vez que podemos ver a iniciação à iluminação em três dimensões e numa escala tão pequena".

3) Implicações e investigação futura:

A descoberta do estudo poderá revolucionar a investigação sobre relâmpagos e melhorar a proteção humana e das infra-estruturas contra os relâmpagos.

Sterpka continua a explorar outros conjuntos de dados LOFAR, indicando que os relâmpagos de 2018 não foram únicos: é provável que a maioria dos relâmpagos comece desta forma, e não apenas durante grandes eventos.

Resumo

Em quatro locais indianos distintos de igual área, é investigado o impacto dos parâmetros climáticos e dos parâmetros de variabilidade solar (contagens de manchas solares, fluxo solar (F10,7 cm) e fluxo de raios cósmicos) na precipitação convectiva e nos relâmpagos. São escolhidas áreas com topografia, vegetação, proximidade da costa e caraterísticas de habitat variáveis. O impacto da flutuação solar na precipitação convectiva e nos relâmpagos é estatisticamente insignificante. As variações sazonais da temperatura da superfície e da CAPE de cada local podem ajudar a explicar por que razão essa região regista menos relâmpagos e precipitação convectiva. Estudos de correlação mostram que os relâmpagos e a precipitação convectiva dependem de diferentes condições meteorológicas em diferentes regiões.

Durante várias décadas, foram recolhidos e divulgados dados nacionais sobre a mortalidade causada por raios na Austrália, Canadá, Japão, Estados Unidos e Europa Ocidental; mas, nos últimos dez anos, poucos estudos deste tipo foram realizados noutras regiões e foram documentados na literatura formal. Embora os raios ocorram frequentemente, pode ser difícil obter estatísticas nacionais sobre mortes por raios em muitas nações, particularmente em áreas tropicais. A pesquisa atual preenche essa lacuna até certo ponto, oferecendo o primeiro resumo nacional completo das mortes por raios na Colômbia. O Departamento Administrativo Nacional de Estatística forneceu dados para os anos de 2000 a 2009, que foram então categorizados com base no número de mortes por ano, mês, sexo, idade e local de morte. Estes foram alocados a departamentos geográficos de forma a determinar.

Referências

Cardoso, O. Pinto Jr., I. R. C. A. Pinto, R. Holle, "A new approach to estimate the annual number of global lightning fatalities" 14th International Conference on Atmospheric Electricity, Rio de Janeiro, Brasil, agosto de 2011.

C. Gomes, M.Z.A. Ab Kadir, 2011: "Uma abordagem teórica para estimar os riscos anuais de raios sobre os seres humanos". Atmospheric Research, Vol. 101, pp. 719-725, 2011.R. L. Holle, "Annual rates of lightning fatalities by country", Preprints, International Lightning Detection Conference, Tucson, Arizona, Vaisala, abril de 2008

M. Cherington, J. Walker, M. Boyson, R. Glancy, H. Hedegaard, S. Clark, "Closing the gap on the atual numbers of lightning casualties and deaths", Preprints, 11th Conf. Applied 7 Climatology, Dallas, Texas, American Meteorological Society, 379-380K, janeiro de 1999

M. A. Cooper, "Disability, not death is the main problem", National Weather Digest, Vol 25, pp. 43-47, 2001

C. Cruz, C. Rentería, F. J. Roman, "Statistics of the Colombian National Army lightning accidents", Preprints, Simpósio Internacional de Proteção contra o Raio [XII SIPDA], Belo Horizonte, Brasil, 2013.

I. Cardoso, O. Pinto Jr., I.R.C.A. Pinto, R. Holle, "Demografia de vítimas de raios no Brasil e suas implicações para regras de segurança." Atmospheric Research, Vol. 135-136, pp. 374-379, 2014.

Y. Zhang, W. Zhang, Q. Meng, "Lightning casualties and damages in China from 1997 to 2010", Preprints, International Conference on Lightning Protection, Viena, Áustria, setembro de 2012.

M. B. Mulder, L. Msalu, T. Caro, J. Salerno, "Remarkable rates of lightning strike mortality in Malawi", PLoS One, 7 (1), 09 de janeiro, doi: 10.1371/journal.pone.0029281, 2012.

R. Blumenthal, "Lightning fatalities on the South African Highveld: A retrospective descriptive study for the period 1997- 2000", American Journal of Forensic Medical Pathology, Vol. 26, pp. 66-59, 2005. [11] W. M. Dlamani, "Lightning fatalities in Swaziland", Natural Hazards, doi:10.1007/s11069-008-9331-6, 2008.

M. K. Ahurra, C. Gomes, "Lightning accidents in Uganda", Preprints, International Conference on Lightning Protection, Viena, Áustria, setembro de 2012.

M. A. Cooper, R. L. Holle. C. J. Andrews, R. Blumenthal, "Lightning injuries", Cap. 3 de Wilderness Medicine, 6th Edition (P. Auerbach, editor), Elsevier Mosby, Philadelphia 2012.

E. B. Curran, R. L. Holle, R. E. López, "Lightning casualties and damages in the United States from 1959 to 1994", Journal of Climate, Vol. 13, pp. 3448-3453, 2000.

R. L. Holle, R. E. López, B. C. Navarro, "Deaths, injuries, and damages from lightning in the United States in the 1890s in comparison with the 1990s", Journal of Applied Meteorology, Vol. 44, pp. 1563-1573, 2005.

H. Pohjola, A. Mäkelä, "The comparison of GLD360 and EUCLID lightning location systems in Europe", Atmospheric Research,

Vol. 123, pp. 117-128, 2013.

R. Said, A. Nag, "An overview of precision and long-range lightning location systems", Preprints, 3rd Russian Conference on Lightning Protection, St. Petersburg, 2012.

R. E. López, R. L. Holle, "Changes in the number of lightning deaths in the United States during the twentieth century", Journal of Climate, Vol. 11, pp. 2070-2077, 19

Adekoya N, Nolte KB. 2005. Mortes causadas por raios nos Estados Unidos. J. Environ. Health 67: 45-50.

Aguado M, Hermoso B, Yarnoz A, Sarries L. 2000. Uma avaliação dos efeitos e custos económicos do raio em Navarra (Espanha) de 1950 a 1999. 25th International Conference on Lightning Protection, 18-22 de setembro de 2000, Rhodes, Grécia; 798-801.

Aldana NN, Cooper MA, Holle RL. 2014. Mortes por raios na Colômbia de 2000 a 2009. Nat. Hazards. 74(3): 1349- 1362, DOI: 10.1007/s11069-014-1254-9.

Anderson R. 1879. Lightning Conductor: Their History, Nature, and Mode of Application. E. & F.N Spon: Londres; 256 pp. Baker T. 1984. Lightning deaths in Great Britain and Ireland (Morte por raios na Grã-Bretanha e Irlanda). Weather 40: 232-234.

Bhutiyani MR, Kale VS, Pawar NJ. 2007. Long term trends in maximum, minimum and mean annual air temperature across the North- western Himalaya during twentieth century. Clim. Chang. 85: 159-177.

Bhutiyani MR, Kale VS, Pawar NJ. 2010. Alterações climáticas e variações da precipitação no noroeste dos Himalaias: 1866-2006. Int. J. Climatol. 30: 535-548.

Blumenthal R. 2005. Mortes por raios no Highveld da África do Sul: um estudo descritivo retrospetivo para o período 1997-2000. Am. J. Forensic Med. Pathol. 26: 66-69.

Cardoso I, Pinto O, Pinto IRCA, Holle R. 2014. Demografia de vítimas de raios no Brasil e suas implicações para as regras de segurança. Atmos. Res. 135-136: 374-379.

Castle WM, Kreft J. 1974. Um inquérito sobre mortes na Rodésia causadas por raios. Cent. Afr. J. Med. 20: 93-95.

Coates L, Blong R, Siciliano F. 1993. Mortes por raios na Austrália, 1824-1991. Nat. Hazards 8: 217-233.

Cooper MA. 2001. A incapacidade e não a morte é o principal problema. Nat. Weather Dig. 25: 43-47.

Cooray V, Cooray C, Andrews CJ. 2007. Lesões causadas por raios em seres humanos. J. Electrostat. 65: 386-394.

Curran EB, Holle RL, Lopez RE. 2000. Acidentes e danos causados por raios nos Estados Unidos de 1959 a 1994. J. Clim. 13: 3448-3464.

Dash SK, Hunt JCR. 2007. Variabilidade das alterações climáticas. Curr. Sci. 96: 782-788. Dlamini WD. 2009. Mortes por relâmpagos na Suazilândia: 2000-2007. Nat. Hazards 50: 179-191.

Duclos PJ, Sanderson LM. 1990. Uma descrição epidemiológica das mortes relacionadas com relâmpagos nos Estados Unidos. Int. J. Epidemiol. 19: 673-679.

Duclos PJ, Sanderson LM, Klontz KC. 1990. Lightning related mortality and morbidity in Florida. Public Health Rep. 105: 276-282.

Elsom DM. 1993. Mortes causadas por raios em Inglaterra e no País de Gales, 1852-1990. Weather 48: 83-90.

Elsom DM. 2001. Mortes e ferimentos causados por relâmpagos no Reino Unido: análise de duas bases de dados. Atmos. Res. 56: 325-334.

Eriksson A, Smith M. 1986. Um estudo das mortes por raios e

incidentes relacionados na África Austral. Trans. S. Afr. Inst. Electr. Eng. 77: 163-178.

Gadge SJ, Shrigiriwar MB. 2013. Relâmpago: um estudo de 15 anos de casos fatais no SVNGMC Yavatmal. J. Forensic Med. Sci. Law 22: 1-5.

Golde RH, Lee WR. 1976. Morte por raio. Proc. Inst. Elec. Eng. 123: 1163-1180. Gomes C, Kadir MZAA. 2011. Uma abordagem teórica para estimar os riscos anuais de raios sobre os seres humanos. Atmos. Res. 101: 719-725.

Gore PG, Prasad T, Hatwar HR. 2010. Mapeamento de áreas de seca na Índia. Relatório n.º 12 do Centro Nacional do Clima (NCC), Departamento Meteorológico da Índia, Pune.

Groubiere E. 1999. Lesões causadas por raios em seres humanos em França. 11ª Conferência Internacional sobre Eletricidade Atmosférica, Guntersville, AL, NASA/CPP-1999-209261; 214-217.

Holle RL. 2008. Taxas anuais de mortes por raios por país. 20ª Conferência Internacional sobre Deteção de Raios 21-23 de junho, Tucson, AZ, EUA e 2ª Conferência Internacional sobre Meteorologia de Raios 24-25 de abril, Tucson, AZ, EUA.

Holle RL, Lopez RE. 2003. A comparison of current lighting death rates in the U.S. with other locations and times. In: Preprints, International Conference on Lightning and Static Electricity, Royal Aeronautical Society, 16-18 de setembro, Blackpool, Inglaterra, documento 103-34 KMS.

Holle RL, Lopez RE, Navarro BC. 2005. Mortes, ferimentos e danos causados por raios nos Estados Unidos na década de 1890 em comparação com a década de 1990. J. Appl. Meteorol. 44: 1563-1573.

Hornstein RA. 1962. Canadian lightning deaths and damage.

Meteorological Branch, Department of Transport, Canada, CIR-3719, TEC-423, 11 de setembro de 1962, 5 pp.

Kandalgaonkar SS, Tinmaker MIR, Kulkarni JR, Nath A. 2003. Variação diurna da atividade dos relâmpagos na região da Índia. Geophys. Res. Lett. 30: 20-22.

Lopez RE, Holle RL. 1995. Demografia das vítimas de raios. Semin. Neurol. 15: 286-95.

Lopez RE, Holle RL. 1996. Flutuação dos acidentes com raios nos Estados Unidos: 1959-1990. J. Clim. 9: 608-615.

Lopez RE, Holle RL. 1998. Changes in the number of lightning deaths in the United States during the Twentieth Century. J. Clim. 11: 2070-2077.

Lopez RE, Holle RL, Heitkamp TA, Boyson M, Cherington M, Langford K. 1993. The underreporting of lightning injuries and deaths in Colorado. Bull. Am. Meteorol. Soc. 74: 2171-2178.

Manohar GK, Kesarkar AP. 2005. Climatology of thunderstorm activity over Indian region: latitudinal and seasonal variation. Mausam 56: 581-592.

O. Singh e J. Singh Mills B, Unrau D, Parkinson C, Jones B, Yessis J, Spring, K. 2006. Striking back: an assessment of lightning-related fatality and injury risk in Canada. Relatório técnico final, Environment Canada; 38.

Mills B, Unrau D, Parkinson C, Jones B, Yessis J, Spring K, et al. 2008. Assessment of lightning related fatality and injury risk in Canada (Avaliação do risco de morte e lesões relacionadas com raios no Canadá). Nat. Hazards 47: 157-183.

Mills B, Unrau D, Pentelow L, Spring K. 2010. Avaliação dos danos e perturbações relacionados com os raios no Canadá. Nat. Hazards 52: 481-499.

Mulder MB, Msalu L, Caro T, Salerno J. 2012. Taxas notáveis de mortalidade por queda de raios no Malawi. PLoS One 7(1): e29281, DOI: 10.1371/journal.pone.0029281.

Murli Das S, Mohankumar G, Sampath S. 2009. Investigações sobre os mecanismos de envolvimento de objectos e pessoal em desastres com relâmpagos. J. Light. Res. 1: 36-51.

Murli Das S, Sampath S, Mohankumar G. 2007. Perigo de trovoada em Kerla. J. Marine Atmos. Res. 3: 111-117.

Nizamuddin S. 1992. Mortes causadas por relâmpagos na Índia. Weather 47: 366-367.

Pakiam JE, Chao TC, Chia J. 1981. Lightning fatalities in Singapore. Meteorol. Mag. 110: 175-187.

Ranalkar MR, Chaudhari HS. 2009. Variação sazonal da atividade dos relâmpagos no subcontinente indiano. Meteorol. Atmos. Res. 104: 125-134.

Salerno J, Msalu L, Caro T, Mulder MB. 2012. Risco de ferimentos e morte por relâmpagos no norte do Malawi. Nat. Hazards 62: 853-862.

Shearman KM, Ojala CF. 1999. Algumas causas para a imprecisão dos dados sobre relâmpagos: o caso do Michigan. Bull. Am. Meteorol. Soc. 80: 1883-1891.

Smith T. 1991. On lightning. BMJ 303(6817): 1563.

Tanriover ST, Kahraman A. 2013. Mortes e ferimentos relacionados com relâmpagos na Turquia. 7ª Conferência Europeia sobre Tempestades Severas (ECSS 2013), 3-7 de junho de 2013, Helsínquia, Finlândia.

Thapliyal V, Kulshreshtha SM. 1991. Climate change and trends over India. Mausam 42: 333-338.

Tinmaker MIR, Chate DM. 2013. Atividade de relâmpagos sobre a Índia: um estudo do contraste leste-oeste. Int. J. Remote Sens. 34: 5641-5650.

Tyagi A. 2007. Thunderstorm climatology over Indian region. Mausam 58: 189-212.

Williams ER, Rutledge SA, Geotis SG, Renno N, Rasmusson E, Rickenbach T. 1992. Um estudo de radar e elétrico de "torres quentes" tropicais. J. Atmos. Sci. 49: 1386-1395.

Zhang W, Meng Q, Ma M, Zhang Y. 2011. Acidentes e danos causados por raios na China de 1997 a 2009. Nat. Hazards 57: 465-476.

3. Métodos e materiais

Os dados do presente estudo sobre a mortalidade causada por relâmpagos provêm do Disastrous Weather Events of India Meteorological Department (Pune), uma publicação anual que apresenta pormenores sobre ocorrências meteorológicas extremas e destrutivas. Esta publicação enumera as datas, os locais, as pessoas mortas ou feridas e o gado morto ou ferido em relação a ocorrências fatais de relâmpagos que ocorrem no país. Esta base de dados não inclui informação sobre os eventos, causas ou extensão dos danos. As estações meteorológicas instaladas em todo o país pelo Departamento Meteorológico da Índia (IMD) servem como fontes de dados para as caraterísticas das mortes por raios. A extensa cobertura geográfica destes dados torna-os úteis para registar as flutuações relativas e a longo prazo das mortes por raios em todo o país. Os pormenores sobre os dados relativos à queda de raios na Índia foram inferidos de.

No presente estudo, o termo "vítimas" refere-se ao total de mortos e feridos. De 1979 a 2011, a informação sobre fatalidades em 35 distritos do estado foi retirada dos relatórios anuais "Disastrous Weather Events" do India Meteorological Department (IMD), Pune. Estes relatórios incluem pormenores sobre todos os incidentes com relâmpagos que ocorreram, incluindo: (i) o ano, o mês e a data em que o evento ocorreu; (ii) o distrito da vítima; (iii) informações demográficas (como o sexo); (iv) o número de pessoas mortas ou feridas e o número de animais mortos ou feridos; (v) casas danificadas; e (vi) o montante das perdas económicas. Consequentemente, esta base de dados já foi utilizada para uma vasta investigação sobre ocorrências meteorológicas extremas na região da Índia (De et al., 2005; Singh e Singh, 2015).

Tempo atual em Pune

Temperatura 38,4°c (máxima)e 22,4°c

(mínima) Precipitação; 0,0 mm

Outras cidades importantes: Mumbai: 31,8° cDesde 1932, a Current Science Association em Bangalore, Índia, publica a Current Science, uma revista quinzenal, em associação com a Academia Indiana de Ciências. Todos os domínios da ciência e tecnologia puras e aplicadas, incluindo a física, a química, a biologia, a medicina, as ciências da terra, a engenharia e a tecnologia, são abrangidos pela revista. A revista publica recensões de livros, comentários sobre trabalhos de investigação recentemente publicados, comentários sobre comunicações de investigação, comunicações de investigação completas e mais curtas, recensões, correspondência e comentários científicos, notícias e opiniões e entrevistas com cientistas.

Além disso, são publicadas Secções Especiais sobre uma variedade de tópicos actuais, proporcionando à comunidade científica um fórum para ver o seu trabalho reconhecido e promovido. O Conselho Editorial é composto por especialistas da Índia e de outros países. Utilizando dados do Moderate Resolution Imaging Spectroradiometer, a profundidade ótica do aerossol (AOD), o raio efetivo das gotículas das nuvens e a percentagem de nuvens, foi avaliada a relação entre o aerossol e os relâmpagos na planície indo-gangética (IGP), na Índia. O sensor de imagem de relâmpagos da Tropical Rainfall and Measuring Mission registou relâmpagos e os dados de humidade de uma análise retrospetiva da era moderna para investigação e aplicações mostraram relâmpagos entre 2001 e 2012. Este estudo demonstrou a função do aerossol na criação de relâmpagos sobre a secção noroeste do IGP. Descobriu-se que, durante os anos de precipitação normal (insuficiente) das monções, a atividade dos relâmpagos aumenta (diminui) com o aumento dos aerossóis. No entanto, em anos com precipitação insuficiente, quando o valor médio de AOD é inferior a 0,88, a atividade dos relâmpagos aumenta com o aumento da concentração de aerossóis.

4. Resultados e discussões

Introdução

Os materiais e procedimentos utilizados para realizar este estudo são abordados no capítulo anterior, e as observações e conclusões do estudo são relatadas neste capítulo. O estudo investiga as vítimas humanas resultantes de descargas atmosféricas no estado de Maharashtra, na Índia. No presente estudo, a soma das vítimas mortais em 35 distritos do estado foi extraída dos relatórios anuais "Disastrous Whether Event" do Departamento Meteorológico da Índia (IMD), Pune, que cobrem o período de 1979 a 2011. Estes relatórios incluem informações sobre cada incidência de raio ocorrida, juntamente com o seu ano, mês e dados da ocorrência do evento: distritos da vítima: informações demográficas. pessoas mortas e feridas e animais mortos e feridos: casas danificadas e magnitude da perda económica.

Caraterísticas dos relâmpagos

- **Um** relâmpago típico transporta uns espantosos 300 milhões de volts e 30.000 amperes - o suficiente para ser letal.
- O ar à volta de um raio pode aquecer até uma temperatura cinco vezes superior à da superfície do sol.
- Os sobreviventes podem sofrer de sintomas como fraqueza, tonturas e perda de memória.

5. Quadro 1 Índia

Year	Deaths	Lighting events
1979	17	9
1980	94	12
1981	42	17
1982	31	17
1983	114	24
1984	24	17
1985	43	21
1986	16	21
1987	27	17
1988	51	25
1989	66	25
1990	72	31
1991	41	24
1992	26	15
1993	50	20
1994	30	14
1995	63	28
1996	198	63
1997	215	73
1998	233	84
1999	157	52
2000	145	59
2001	108	50
2002	103	71
2003	77	69
2004	165	79
2005	339	80
2006	253	90
2007	572	108
2008	250	86
2009	248	71
2010	434	98
2011	173	46
2012	475	108
2013	336	87
2014	327	90
2015	497	99
2016	705	71
2017	825	101
2018	343	58
2019	421	79
2020	604	91

India - lighting event and number
Deaths
Lighting event
Year
Deaths
Lighting events

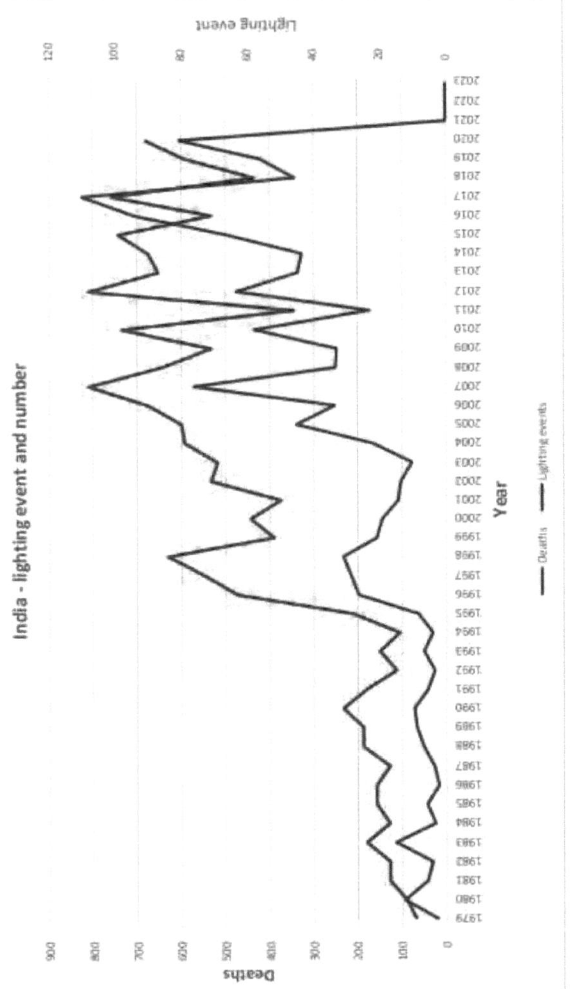

Fig 1

lightning in maharashtra
death
events
year
death
lightning events

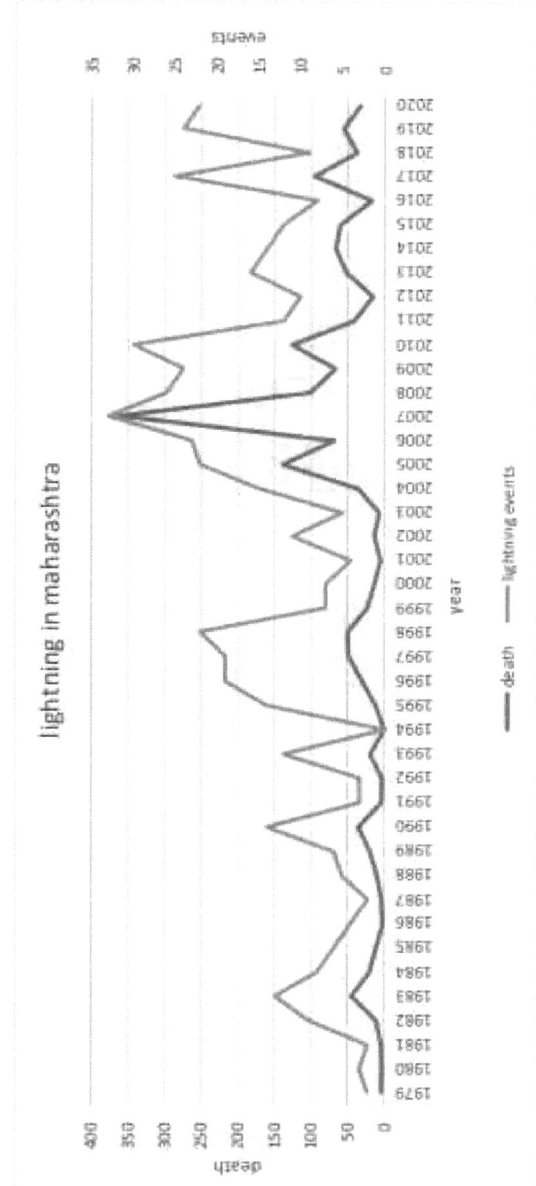

Fig 2

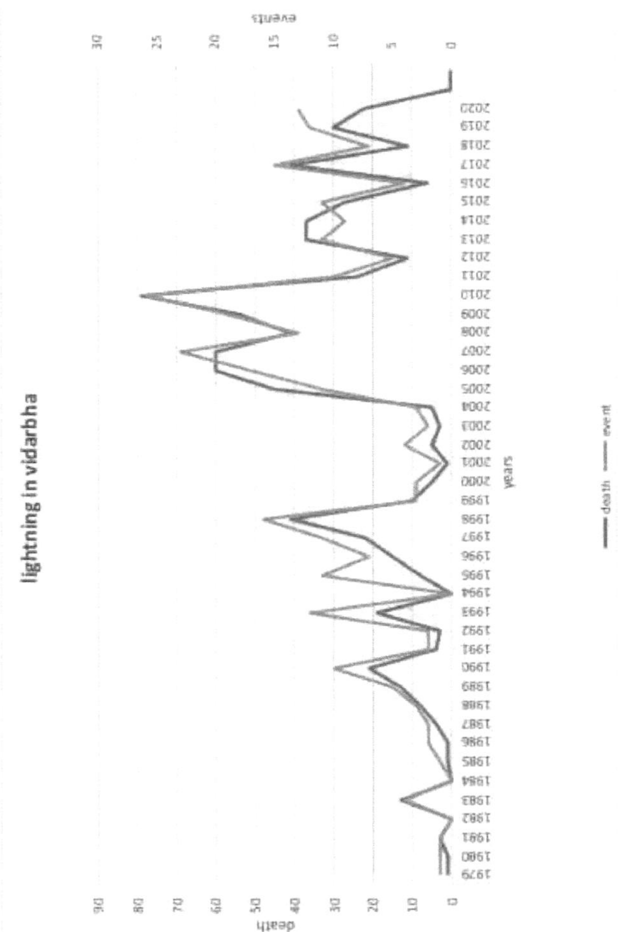

Fig 3

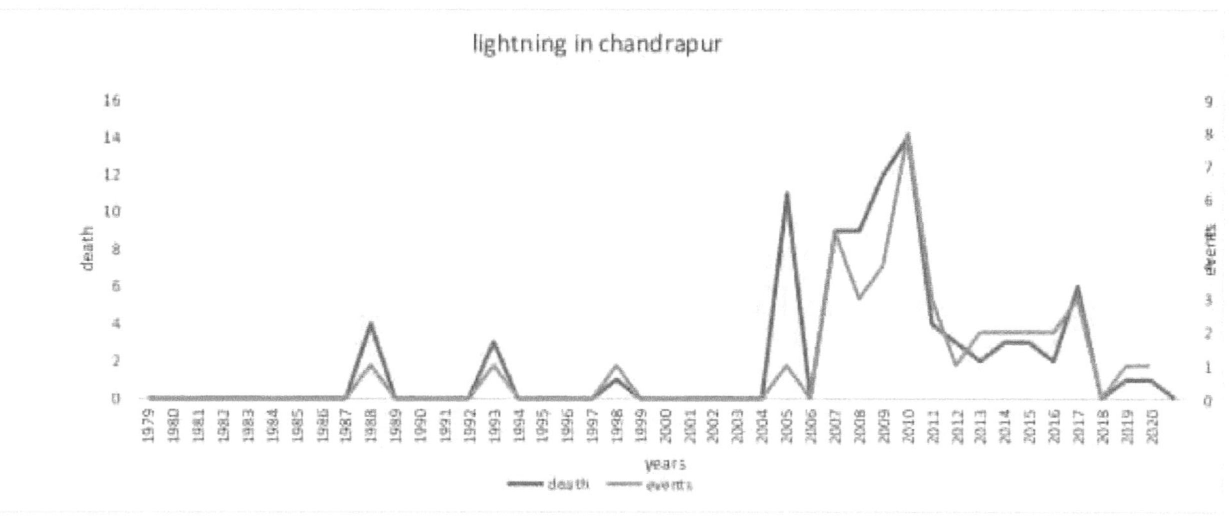

Fig 4

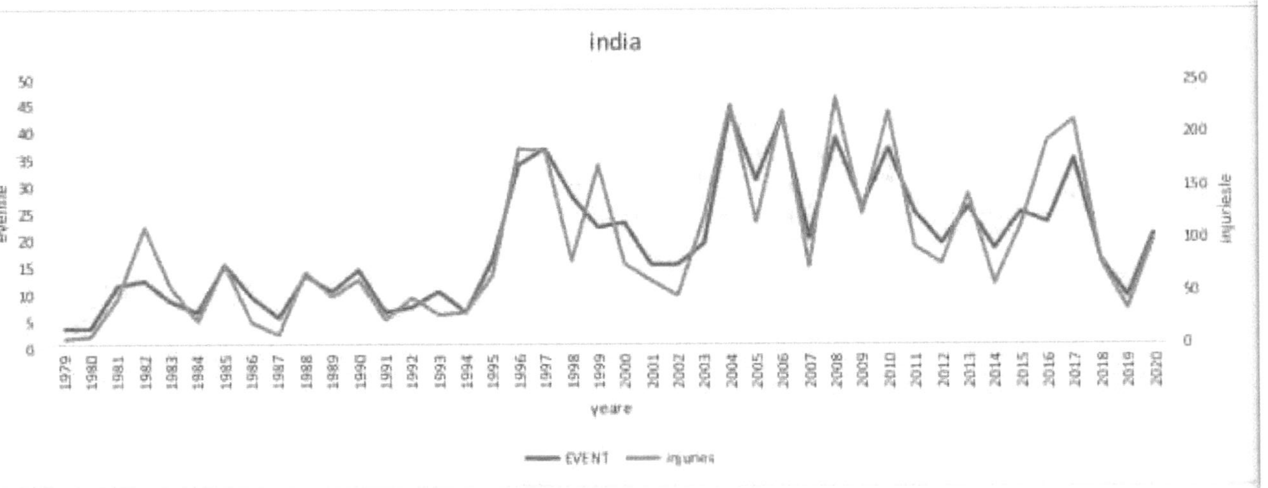

1. **Injuries in india**

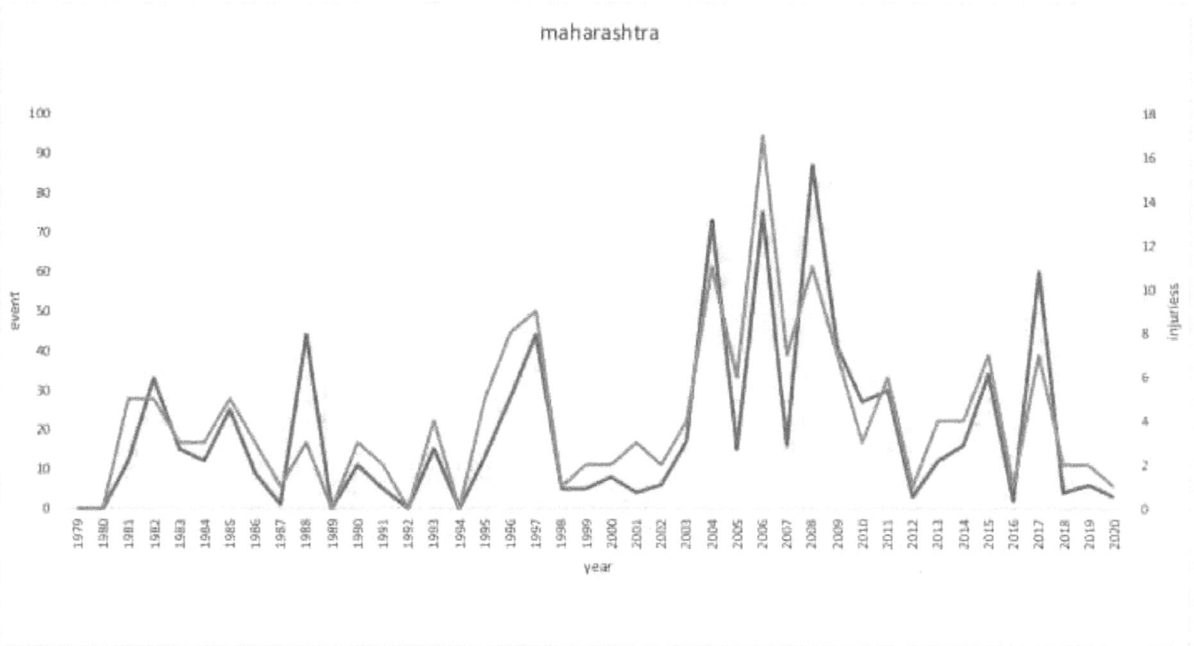

maharashtra

Injuries in maharashtra

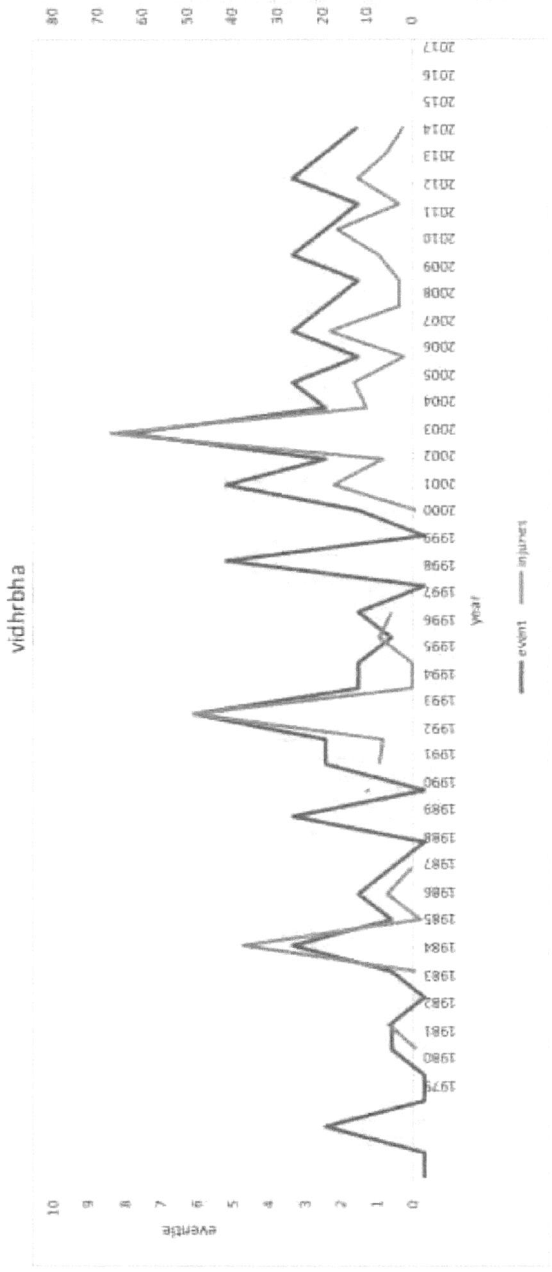
vidhrbha
year
event
injuries

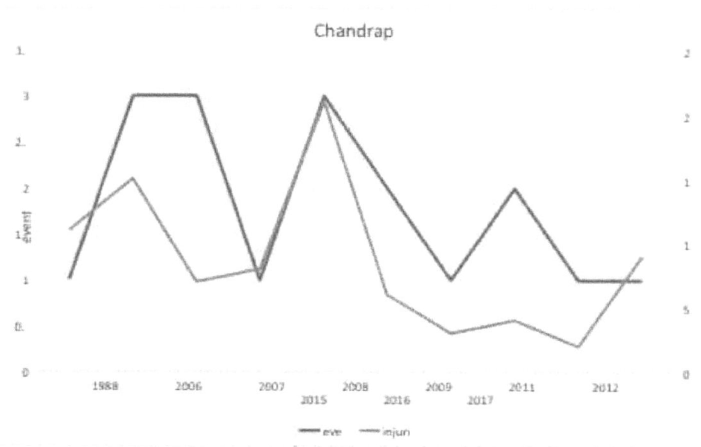
Chandrap
1988
2006
2007
2015
2008
2016
2009
2017
2011
2012
eve
injun

Fig. 1. A Índia regista um número impressionante de relâmpagos entre abril de 2019 e março de 2020, tendo sido registados mais de 18 milhões de relâmpagos em todo o país. Esta figura 1 representa um aumento de 34% em comparação com o ano anterior. Os dados de satélite do Instituto Indiano de Meteorologia Tropical indicam que os relâmpagos têm vindo a aumentar entre 1995 e 2014. A Sra. Giri reside em Fraserganj, uma aldeia piscatória muito povoada que faz fronteira com a Baía de Bengala, a cerca de 120 km a sul de Calcutá, a capital do estado. Na zona de South 24-Parganas, onde se situa a sua aldeia, os raios ceifam a vida de cerca de seis pessoas por ano. As comunidades costeiras têm quintas, lagoas e casas com telhados de colmo e de lata, num cenário de terra e água. Viver perto do oceano pode ser arriscado porque as marés e as tempestades ciclónicas ocorrem frequentemente. Embora ocorram com mais frequência em terra, os raios atingem mais frequentemente as vias navegáveis costeiras. Essencialmente, o raio é uma descarga eléctrica provocada principalmente por desequilíbrios nas nuvens de tempestade. Assim, os habitantes locais reduziram as mortes por raios e aumentaram a consciencialização.

A queda de raios é responsável por uma perda significativa de vidas na Índia. Entre 1967 e 2019, mais de 100 000 pessoas foram mortas por queda de raios. Este número representa mais de um terço de todas as mortes causadas por riscos naturais durante este período.

Os Estados de Odisha, Jharkhand e Bengala Ocidental são os mais afectados, sendo responsáveis por 70% destas mortes. Os grupos vulneráveis incluem os agricultores que trabalham nos campos, onde os relâmpagos são frequentes.

O aumento da temperatura da superfície terrestre e marítima aquece o ar acima e disponibiliza mais energia para impulsionar as trovoadas de onde emanam os relâmpagos. Tendências a longo prazo Na Índia, a atividade dos relâmpagos contribui significativamente para a destruição das tempestades. Podem observar-se padrões interessantes nas medições por satélite da Tropical Rainfall Measuring Mission (TRMM) entre 1998 e 2014:

Frequência dos relâmpagos As planícies indo-gangéticas, as regiões costeiras e o sopé dos Himalaias são as zonas onde os relâmpagos ocorrem com maior frequência.

Relâmpagos severos: A Baía de Bengala e as zonas costeiras registam os relâmpagos mais graves. O departamento meteorológico da Índia oferece atualmente previsões de trovoadas.

As pessoas recebem notificações através da televisão, da rádio e de grupos de voluntários munidos de megafones. As aplicações para smartphones monitorizam os relâmpagos.

Nas zonas vulneráveis à queda de raios, a campanha Lightning India Resilient procura aumentar a sensibilização e reduzir o número de vítimas mortais.

Apesar destas tentativas, a frequência de queda de raios aumentou significativamente.

Na Índia, registaram-se mais de 18 milhões de raios entre abril de 2020 e março de 2021 - um aumento de 34% em relação ao mesmo período do ano anterior.

Embora os relâmpagos ocorram em muitos Estados, 70% das mortes registam-se em Odisha, Jharkhand e Bengala Ocidental.

Pelo menos 29 pessoas foram mortas por um raio nas últimas 36 horas em Bihar. Trata-se do maior número de vítimas de relâmpagos nesta estação das monções. Em 20 de julho, onze pessoas morreram na sequência de relâmpagos.

Enquanto o distrito de Jami registou o maior número de mortes, com oito, Aurangabad registou sete mortes na terça-feira. O distrito de Banka registou cinco mortes. Bhagalpur, Nalanda e Sasaram registaram duas mortes cada um, enquanto uma pessoa foi morta em Munger, Rawal e Katihar.

O Governo do Estado anunciou uma indemnização de 4 lakh para os familiares mais próximos de cada vítima. O departamento de gestão de catástrofes de Bihar tem vindo a anunciar as precauções a tomar para escapar aos relâmpagos. Pediu-se às pessoas que evitassem trabalhar nos campos durante as chuvas.

Quadro 2. Maharashtra

Table 2. Maharashtra

year	death	lightning events
1979	4	2
1980	3	3
1981	4	2
1982	11	9
1983	45	13
1984	20	8
1985	11	6
1986	2	4
1987	4	2
1988	10	5
1989	19	6
1990	35	14
1991	4	3
1992	3	3
1993	19	12
1994	0	0
1995	12	14
1996	30	19
1997	49	19
1998	50	22
1999	23	7
2000	14	7
2001	5	4
2002	14	11
2003	7	5
2004	36	15
2005	139	22
2006	69	23
2007	363	33
2008	101	26
2009	67	24
2010	126	30
2011	42	12
2012	16	10
2013	52	16
2014	67	14
2015	60	12
2016	17	8
2017	95	25
2018	38	9
2019	56	24
2020	32	22

A análise dos dados a longo prazo revelou a ocorrência de cerca de 2363 vítimas resultantes de 455 fenómenos de queda de raios, com uma média anual de 72 vítimas. Há três anos, o serviço meteorológico da Índia começou a fornecer previsões de relâmpagos. As falhas estão a ser monitorizadas através de aplicações móveis. As pessoas são informadas através de voluntários que transportam megafones, televisões e rádios. A campanha Lightning India Resilient, com três anos de existência, está a envidar grandes esforços para diminuir as mortes e aumentar a sensibilização em áreas vulneráveis à queda de raios.

Em 2007, foram registados no máximo 33 eventos, incluindo mortes em 363 Maharashtra. O estudo investiga as vítimas humanas em consequência de descargas atmosféricas no Estado de Maharashtra, na Índia. As estatísticas sobre a população do estado de Maharashtra foram recolhidas do recenseamento da Índia para os anos de recenseamento decenal de 1981, 1991, 2001 e 2011. A estação pré-monção, que decorre de abril a junho, é a época em que os raios caem com mais frequência em Maharashtra.

outubro é outro mês alto para a atividade dos raios (transição sazonal). Um dos factores mais importantes para decidir o número de vítimas é o momento em que os raios caem. Os relâmpagos ocorrem frequentemente em Maharashtra por volta das 14:00 horas, quando os trabalhadores agrícolas ainda estão no exterior. Isto torna-os mais susceptíveis a ferimentos causados por raios.

Em contrapartida, a atividade dos relâmpagos começa mais tarde à noite, quando a maioria dos trabalhadores está em casa, nas regiões do nordeste e do sopé dos Himalaias.

Quadro 3 Vidarbha

year	death	event
1979	1	1
1980	1	1
1981	3	1
1982	0	0
1983	13	4
1984	0	0
1985	1	1
986	1	2
1987	4	2
1988	8	3
1989	13	5
1990	21	10
1991	4	2
1992	3	2
1993	19	12
1994	0	0
1995	8	11
1996	15	7
1997	22	11
1998	41	16
1999	10	3
2000	5	3
2001	1	1
2002	5	4
2003	3	2
2004	5	3
2005	45	11
2006	60	17
2007	60	23
2008	41	13
2009	54	19
2010	79	26
2011	24	10
2012	11	5
2013	37	11
2014	37	9
2015	27	11
2016	6	4
2017	41	15
2018	11	7
2019	30	12
2020	22	13

O quadro 3 é apresentado da seguinte forma

Relâmpagos em Vidarbha O estado indiano de Maharashtra inclui a região de Vidarbha. Nalgumas circunstâncias meteorológicas, esta região regista relâmpagos e trovoadas.

A descarga abrupta de eletricidade entre nuvens ou entre uma nuvem e a terra é

conhecido como relâmpago. Ocorre como resultado da acumulação de cargas eléctricas nas nuvens de trovoada.

O ar é ionizado quando a intensidade do campo elétrico atinge um determinado ponto, abrindo um caminho condutor para a descarga. Isto produz o que vemos como um clarão de luz visível semelhante a um relâmpago. Este é o maior problema nos para-raios do ano de 2010. Mortes: Desde 13 de julho, onze pessoas morreram na divisão de Vidarbha, em Nagpur, em consequência de inundações e relâmpagos. Entre os distritos afectados contam-se

Habitações danificadas: As chuvas torrenciais na divisão de Nagpur causaram danos em cerca de 1600 habitações.

Impacto na agricultura: Na zona, 875,84 hectares de terrenos agrícolas foram afectados pela precipitação. Em particular:

Chandrapur: um total de 853,74 acres.

Wardha: vinte e um hectares. Nagpur, 23 de julho (PTI) - Desde 13 de julho, as inundações e os relâmpagos custaram a vida a 11 pessoas na divisão de Nagpur da região de Vidarbha, em Maharashtra, enquanto as chuvas intensas danificaram mais de 1600 casas na zona, segundo as autoridades no domingo.

De acordo com um relatório preliminar divulgado pelas autoridades, as chuvas também danificaram 875,84 hectares de terras agrícolas em secções da divisão de Nagpur, que inclui os distritos de Nagpur, Wardha, Bhandari, Gonidia, Chandrapur e Gachiroli.

A região de Vidarbha, que inclui Amravati, Akola, Bhandara, Buldhana, Chandrapur, Gadchiroli, Gondia, Nagpur, Wardha, Washim e Yavatmal, tem registado chuvas intensas nos últimos dias.

Na divisão de Nagpur, onze pessoas morreram na sequência de um raio e de inundações em 13 de julho.

As águas das cheias baixaram no domingo em muitas zonas de Yavatmal e a intensidade da chuva também diminuiu, segundo as autoridades.
O Ministro da Assistência e da Reabilitação de Maharashtra, Anil Patil, visitou Yavatmal no domingo para fazer o ponto da situação.
No distrito de Buldhana, cerca de 100 pessoas foram transferidas para locais mais seguros na aldeia de Kataragama, em Sangrampur tehsil, no sábado.
Não se registaram inundações no distrito no domingo, segundo as autoridades superiores.
De acordo com o Departamento Meteorológico da Índia (IMD), existe a possibilidade de chuvas fortes no distrito de Amravati, enquanto o tempo nublado deverá prevalecer noutras partes de Vidarbha.
Quadro 4

Table 4

	lightning i nChandrapur	
year	death	events
1979	0	0
1980	0	0
1981	0	0
1982	0	0
1983	0	0
1984	0	0
1985	0	0
1986	0	0
1987	0	0
1988	4	1
1989	0	0
1990	0	0
1991	0	0
1992	0	0
1993	3	1
1994	0	0
1995	0	0
1996	0	0
1997	0	0
1998	1	1
1999	0	0
2000	0	0
2001	0	0
2002	0	0
2003	0	0
2004	0	0
2005	11	1
2006	0	0
2007	9	5
2008	9	3
2009	12	4
2010	14	8
2011	4	3
2012	3	1
2013	2	2
2014	3	2
2015	3	2
2016	2	2
2017	6	3
2018	0	0
2019	1	1
2020	1	1

O quadro 4 deste gráfico mostra que morreram pessoas em incidentes separados de queda de raios nos distritos de Chandrapur, em Maharashtra, no meio de fortes chuvas. As autoridades da região aconselharam as pessoas a tomarem precauções.

Cinco pessoas morreram em quatro locais diferentes depois de terem sido atingidas por um raio no distrito de Chandrapur, em Maharashtra, na quarta-feira.

Os incidentes ocorreram no meio de fortes chuvas que têm assolado a região. O departamento meteorológico emitiu igualmente um alerta vermelho para Chandrapur.

Na aldeia de Betula, situada no Brahmaputra, uma mulher de 45 anos, identificada como uma mulher, foi atingida por um raio quando regressava a casa dos campos.

Chandrapur, 26 jul (PTI) Pelo menos seis pessoas, incluindo cinco mulheres, morreram depois de terem sido atingidas por um raio em quatro locais do distrito de Chandrapur, em Maharashtra, nas últimas 24 horas, informaram as autoridades policiais na quarta-feira.

A descarga eléctrica do céu também deixou sete mulheres feridas, segundo as autoridades.

Duas mulheres, de 45 e 47 anos, que trabalhavam num campo de arroz, morreram no local na sequência da queda de um raio na aldeia de Delanwadi, em Sindewahi tehsil, a cerca de 75 km da sede do distrito, na quarta-feira, informou um funcionário.

Chandrapur, 26 jul (PTI) Pelo menos seis pessoas, incluindo cinco mulheres, morreram depois de terem sido atingidas por um raio em quatro locais do distrito de Chandrapur, em Maharashtra, nas últimas 24 horas, informaram as autoridades policiais na quarta-feira.

A descarga eléctrica do céu também deixou sete mulheres feridas, disseram.

Duas mulheres, de 45 e 47 anos, que trabalhavam num campo de arroz, morreram no local na sequência da queda de um raio na aldeia de Dela wadi, em Sandwich tehsil, a cerca de 75 km da sede do distrito, na quarta-feira, informou um funcionário.

Lesões na Índia fig. 1.

Nas primeiras fases da monção na Índia este ano, pelo menos 107 pessoas morreram na sequência de descargas atmosféricas em Bihar e Uttar Pradesh, anunciaram as autoridades governamentais na quinta-feira. Comum nesta altura do ano, as descargas atmosféricas matam ou mutilam milhares de pessoas todos os anos, o que faz com que não seja um fenómeno tão invulgar como se pensa.

O raio passa sobre a pele de uma pessoa e entra no seu corpo através de um ponto de contacto para percorrer o sistema nervoso ou cardiovascular. Quanto maior for o corpo, mais espaço o raio tem para viajar dentro do corpo e mais danos causa ao ser humano ou aos animais.

A forma mais comum de as pessoas serem feridas por um raio é através destas correntes de terra. Se uma pessoa estiver de pé em qualquer ponto do arco, é provável que a corrente do solo suba pelo corpo da pessoa através da perna, prejudicando ou parando completamente o coração ou a respiração da pessoa, e depois desça pela outra perna e saia. Pode causar paragem cardíaca, queimaduras graves, danos cerebrais permanentes, perda de memória e alterações de personalidade.

Os relâmpagos ferem mais pessoas do que matam; 90% das pessoas atingidas por relâmpagos sobrevivem, possivelmente com danos neurológicos de longa duração, afirma Romary Ann Cooper, especialista em lesões causadas por relâmpagos, ao Washington Post. No seu conjunto, a Índia regista entre 2.000 e 2.500 raios, o que mais contribui para as mortes por causas naturais. Há alguns anos, mais de 300 pessoas foram mortas por raios em apenas três dias - um número que surpreendeu as autoridades e os cientistas. As cataratas, na maioria das vezes bilaterais, são as mais comuns, mas outras lesões como hifen, hemorragia vítrea e lesão do nervo ótico também podem ocorrer. Muitas vítimas atingidas por um raio também apresentam uma lesão no sistema audio-vestibular devido a um traumatismo por explosão ou a uma lesão eléctrica.

Lesões em Maharashtra Quadro 2

Foi registado um total de 2363 vítimas resultantes de 455 fenómenos de queda de raios, o que levou à ocorrência de 14 fenómenos, 46 vítimas mortais, 26 feridos e 72 vítimas por ano em Maharashtra durante o período de estudo. O número de fenómenos de queda de raios, vítimas mortais, feridos e vítimas por escalões de 7 pontos de classificação de 1979 a 2011. É interessante notar que a distribuição espacial mostra que a distribuição das vítimas é quase idêntica à das vítimas mortais, uma vez que 64% das vítimas são vítimas mortais. Nagpur é o distrito líder em termos de número de trovoadas, vítimas mortais, feridos e vítimas durante o período de estudo. Cada evento causou aproximadamente 3 vítimas no distrito de Nagpur. Além disso, observou-se que os distritos que registaram mais trovoadas têm mais vítimas e vice-versa. Além disso, em média, foram registados 0,56 feridos por cada vítima mortal em Maharashtra. A distribuição geográfica do rácio entre feridos e mortos não apresenta um padrão coerente. Alguns distritos registam um número ligeiramente superior de vítimas mortais do que de feridos, como Ratnagiri, Parbati, Dhule, Jalgaon, Mumbai e Wardha, enquanto os restantes distritos registam um número superior de feridos do que de vítimas mortais. As taxas de fenómenos, vítimas mortais, feridos e vítimas por milhão de pessoas por ano em Maharashtra foram de 0,15 e 0,52,

0,29 e 0,82, respetivamente, para o período de 1979 a 2011. Verificou-se também que a taxa de vítimas de raios no estado de Maharashtra (0,82) é mais de três vezes superior ao valor registado em toda a Índia (0,25) (Singh e Singh, 2015).

A Figura 5 (a-d) indica o número de pessoas por ano devido a trovoadas, vítimas mortais, feridos e vítimas registadas em Maharashtra de 1979 a 2011. O ajustamento de uma tendência linear aos eventos de raios anuais, vítimas mortais, feridos e vítimas mostrou uma tendência ascendente com flutuação ao nível de significância de 1%. r, foi registado um total de 2363 vítimas (1512 vítimas mortais e 851 feridos) resultantes de 455 eventos de raios que conduziram a 14 eventos, 46 vítimas mortais, 26 feridos e 72 vítimas anualmente em Maharashtra durante o período de estudo.

Curiosamente, a frequência das trovoadas é de apenas 20 a 60 dias em várias partes de Maharashtra e é sobretudo causada por baixas/depressões de monção que se deslocam para oeste (Tyagi, 2007). Apesar da ocorrência moderada de trovoadas, o máximo de vítimas mortais resulta de relâmpagos. Os homens registam muito mais vítimas mortais (91%), feridos (86%) e vítimas (89%) do que as mulheres (5%), feridas (10%) e vítimas (7%) de relâmpagos. É notável o facto de os homens morrerem cerca de 13 vezes mais do que as mulheres.

Lesões em Vidarbha fig. 3

A maioria dos eventos de raios (cerca de 56%) e das vítimas (cerca de 56%) concentrou-se nos distritos da região de Vidarbha. A região de Vidarbha regista mais de quatro vezes mais trovoadas do que a segunda maior região de Marathwada. A região de Vidarbha registou cerca de quatro vezes mais trovoadas e cerca de três vezes mais vítimas do que a segunda maior região de Marathwada. A taxa de trovoadas e de vítimas por milhão de habitantes por ano no Estado foi de 0,15 e 0,82, respetivamente.

A maioria dos fenómenos de queda de raios e das vítimas concentrou-se nos distritos da região de Vidarbha. A região de Vidarbha regista mais de quatro vezes mais fenómenos de queda de raios do que a segunda maior região, Marathwada, onde se registou o maior número de fenómenos e de vítimas.

A ocorrência de relâmpagos foi testemunhada na região de Vidarbha, seguida das regiões de Marathwada, Oeste, Norte e Konkan. Além disso, apenas seis distritos, nomeadamente Nagpur, Chandrapur, Yawtmal, Nashik, Amravati e Akola, são os mais afectados, representando cerca de 51% do total de relâmpagos, 44% do total de vítimas mortais, 52% do total de feridos e 46% do total de vítimas no Estado. Verificou-se que todos estes distritos se situam na região de Vidarbha, com exceção de Nashik. Esta situação desanimadora nesta região pode ser atribuída à topografia local e às condições climatéricas. Ao estudar o risco de raios em Kerala, murli das et al, (2007,2009) observaram que cerca de 51% dos acidentes com raios ocorreram em terrenos rochosos expostos. Os terrenos rochosos expostos têm normalmente uma baixa condutividade solar e facilitam a condução do solo a distâncias relativamente maiores, pelo que são relativamente mais vulneráveis à queda de raios murli das et al., 2007 2009. Nagpur é o distrito líder em termos de número de trovoadas.

A distribuição geográfica do rácio lesões/mortes não apresenta um padrão coerente. Alguns distritos registam um número ligeiramente superior de vítimas mortais do que de feridos, como Ratnagiri, Parbhani, Dhule, Jalgaon, Mumbai e Wardha, enquanto os restantes distritos registam apenas 25 feridos e 118 vítimas mortais. Um rácio baixo pode indicar uma subnotificação dos ferimentos e que os óbitos são a melhor estatística para um Estado. A figura 4 mostra a taxa de eventos de raios, mortes, ferimentos e vítimas por milhão de habitantes por escalões de 7 pontos de classificação. As taxas de eventos, mortes, ferimentos e vítimas por milhão de pessoas por ano em Maharashtra são de 0,15, 0,53, 0,29 e

0,82, respetivamente. A taxa de vítimas de raios no estado de Maharashtra é mais de três vezes superior ao valor de toda a Índia.

Lesões em Chandrapur fig. 4

Chandrapur, 26 abr (PTI) Pelo menos três pessoas foram mortas e duas outras ficaram feridas em ataques de raios no distrito de Chandrapur, em Maharashtra, nos últimos três dias, enquanto as chuvas fora de época danificaram as colheitas em 312 hectares, disseram as autoridades na quarta-feira. No último incidente, ocorrido na terça-feira, um homem foi morto na zona de Majri, nas minas de carvão ocidentais, quando foi atingido por um raio vindo do céu. O incidente foi filmado por câmaras e as imagens tornaram-se virais. De acordo com a administração distrital, 65 animais morreram devido à queda de raios e cinco ficaram feridos. Um total de 312 casas e chalés no distrito foram parcialmente danificados devido a tempestades de vento, granizo e chuvas fora de época. PTI COR NSK Cinco pessoas morreram em quatro locais distintos depois de terem sido atingidas por um raio no distrito de Chandrapur, em Maharashtra, na quarta-feira.

Discussão

A maior parte dos fenómenos de queda de raios e das vítimas concentra-se nos distritos da região de Vidarbha. A região de Vidarbha regista mais de quatro vezes mais fenómenos de queda de raios do que a região de Marathwada, a segunda maior. A região de Vidarbha registou o maior número de fenómenos e de vítimas, seguida das regiões de Marathwada, Oeste, Norte e Konkan. Apenas seis distritos, nomeadamente Nagpur, Chandrapur, Yavatmal, Nashik, Amarawati e akola, são os mais afectados.

- Verificou-se que todos estes distritos se situam na região de Vidarbha, exceto Nashik. Esta situação desanimadora nesta região pode ser atribuída à topografia e às condições climáticas locais.

Factores geográficos:

- Vidarbha está situada na parte central da Índia e tem uma paisagem diversificada. Inclui zonas montanhosas e vastas planícies.
- A presença de colinas e planaltos pode levar à elevação orográfica, em que o ar é forçado a subir ao encontrar terreno elevado. Este movimento ascendente pode favorecer a formação de nuvens e aumentar a probabilidade de trovoadas e relâmpagos

Influência das monções:

- Durante a estação das monções, Vidarbha recebe uma precipitação substancial. A interação entre os ventos carregados de humidade do mar Arábico e a massa terrestre quente da Andia central cria condições favoráveis à ocorrência de trovoadas.
- À medida que o ar quente e húmido sobe, arrefece e condensa, formando nuvens cumulonimbus imponentes que estão associadas a trovoadas intensas e relâmpagos.

Zonas de convergência:

- Vidarbha situa-se na convergência de diferentes massas de ar. A colisão de ar quente e húmido do sudoeste com ar mais frio do noroeste pode desencadear o desenvolvimento de trovoadas.
- A elevação do ar quente sobre a massa de ar mais frio cria instabilidade, levando à libertação de calor latente e à formação de nuvens de trovoada.

4. topografia e aquecimento:

- As planícies de Vidarbha aquecem significativamente durante o dia. À medida que o solo aquece, aquece o ar por cima dele.
- O ar quente ascendente cria correntes de ar ascendentes, que podem elevar o ar carregado de humidade para altitudes mais elevadas. Quando este ar húmido atinge a atmosfera de nuvens, condensa-se, formando as trovoadas.

Radiação solar e instabilidade:

- Vidarbha recebe uma radiação solar abundante, especialmente durante os meses de pré-monção, monção e monção.

- O aquecimento solar faz com que o ar perto da superfície se torne flutuante, levando à instabilidade vertical. Esta instabilidade favorece o desenvolvimento de trovoadas e relâmpagos.

Variabilidade sazonal

- A atividade dos relâmpagos em Vidarbha é mais acentuada durante a estação das monções, quando as trovoadas são frequentes.
- A combinação de humidade, calor e instabilidade atmosférica durante este período contribui para a elevada incidência de relâmpagos.

6. Resumo e conclusões:

Em suma, a caraterística geográfica única de Vidarbha, a dinâmica das monções e os padrões meteorológicos locais tornam-na suscetível à ocorrência de relâmpagos. A convergência de ar quente e húmido, os efeitos orográficos e o aquecimento solar desempenham um papel na criação de trovoadas e descargas eléctricas nesta região.

A análise dos dados a longo prazo revelou a ocorrência de cerca de 2363 vítimas resultantes de 455 fenómenos de queda de raios, com uma média anual de 72 vítimas. Observou-se uma tendência ascendente significativa com flutuação nos eventos de raios anuais, mortes, feridos e vítimas. O distrito de Nagpur liderou o estado em número efetivo de eventos de relâmpagos, mortes, feridos e vítimas. Os fenómenos de raios, mortes, feridos e vítimas são mais ou menos constantes durante as duas primeiras décadas do período de estudo, mas aumentaram acentuadamente durante a última década. Foram observados dois máximos de queda de raios e de vítimas: o primeiro pico mais elevado no mês de junho e o segundo pico no mês de setembro. Em termos sazonais, observou-se que os eventos de raios e as vítimas são mais elevados durante a monção e mais baixos durante o inverno. A análise regional mostra que apenas a região de Vidarbha, em Maharashtra, regista uma tendência significativa para o aumento dos fenómenos de queda de raios e de vítimas, ao passo que nas restantes regiões não se observam tendências significativas de descida ou subida. As taxas anuais de vítimas variaram entre 0,46 vítimas por milhão de habitantes por ano (região de Vidarbha) e 0,05 vítimas por milhão de habitantes por ano (região ocidental). Para além disso, mais homens do que mulheres foram feridos ou mortos por raios em Maharashtra, em resultado da maior participação dos homens em práticas agrícolas de trabalho intensivo. Uma vez que os raios se tornaram um fenómeno regular, é aconselhável educar os segmentos vulneráveis da população através de apresentações áudio-vídeo nos meios de comunicação social para diminuir gradualmente o número de vítimas. O inquérito foi efectuado para estudar a). Na Índia, os relâmpagos custaram a vida a cerca de 5259 pessoas, de acordo com os registos que vão de 1979 a 2011. Os estados de Uttar Pradesh (9%), Bengala Ocidental (12%) e Maharashtra (29%) registaram o maior número de mortes relacionadas com relâmpagos. A variação espacial indica uma maior taxa de mortes relacionadas com relâmpagos no centro-oeste da Índia. Na Índia, uma percentagem mais elevada de homens (89%) do que de mulheres (5%) e crianças (6%) morreu devido a relâmpagos. Isto deve-se provavelmente ao facto de mais homens trabalharem no exterior em ambientes solitários e estarem frequentemente no exterior. Na Índia, a taxa de mortalidade anual por milhão de habitantes é de aproximadamente 0,25. O verão e as estações chuvosas têm uma taxa de mortes por raios notavelmente mais elevada. Para além disso, as comparações entre.

Bibliografia

Bhutiyani MR, Kale VS, Pawar NJ. 2010. Alterações climáticas e variações da precipitação no noroeste dos Himalaias: 1866-2006. Int. J. Climatol. 30: 535-548.

Blumenthal R. 2005. Mortes por relâmpagos no Highveld da África do Sul: um estudo descritivo retrospetivo para o período 1997-2000. Am. J. Forensic Med. Pathol. 26: 66-69.

Cardoso I, Pinto O, Pinto IRCA, Holle R. 2014. Demografia de vítimas de raios no Brasil e suas implicações para as regras de segurança. Atmos. Res. 135-136: 374-379.

Castle WM, Kreft J. 1974. Um inquérito sobre mortes na Rodésia causadas por raios. Cent. Afr. J. Med. 20: 93-95.

Coates L, Blong R, Siciliano F. 1993. Mortes por raios na Austrália, 1824-1991. Nat. Hazards 8: 217-233.

Cooper MA. 2001. A incapacidade e não a morte é o principal problema. Nat. Weather Dig. 25: 43-47.

Cooray V, Cooray C, Andrews CJ. 2007. Lesões causadas por raios em seres humanos. J. Electrostat. 65: 386-394.

Curran EB, Holle RL, Lopez RE. 2000. Acidentes e danos causados por raios nos Estados Unidos de 1959 a 1994. J. Clim. 13: 3448-3464.

Dash SK, Hunt JCR. 2007. Variabilidade das alterações climáticas. Curr. Sci. 96: 782-788.

Dlamini WD. 2009. Mortes por relâmpagos na Suazilândia: 2000-2007. Nat. Hazards 50: 179-191.

Duclos PJ, Sanderson LM. 1990. Uma descrição epidemiológica das mortes relacionadas com relâmpagos nos Estados Unidos. Int. J. Epidemiol. 19: 673- 679.

Duclos PJ, Sanderson LM, Klontz KC. 1990. Lightning related mortality and morbidity in Florida. Public Health Rep. 105: 276-

282.

Elsom DM. 1993. Mortes causadas por raios em Inglaterra e no País de Gales, 1852-1990. Weather 48: 83-90.

Elsom DM. 2001. Mortes e lesões causadas por relâmpagos no Reino Unido: análise de duas bases de dados. Atmos. Res. 56: 325-334.

Eriksson A, Smith M. 1986. Um estudo das mortes por raios e incidentes relacionados na África Austral. Trans. S. Afr. Inst. Electr. Eng. 77: 163-178.

Gadge SJ, Shrigiriwar MB. 2013. Relâmpago: um estudo de 15 anos de casos fatais no SVNGMC Yavatmal. J. Forensic Med. Sci. Law 22: 1-5.

Golde RH, Lee WR. 1976. Morte por raio. Proc. Inst. Elec. Eng. 123: 1163-1180. Gomes C, Kadir MZAA. 2011. Uma abordagem teórica para estimar os riscos anuais de raios sobre os seres humanos. Atmos. Res. 101: 719-725.

Gore PG, Prasad T, Hatwar HR. 2010. Mapeamento de áreas de seca na Índia. Relatório n.º 12 do Centro Nacional do Clima (NCC), Departamento Meteorológico da Índia, Pune.

Groubiere E. 1999. Lesões causadas por raios em seres humanos em França. 11ª Conferência Internacional sobre Eletricidade Atmosférica, Guntersville, AL, NASA/CPP-1999-209261; 214-217.

Holle RL. 2008. Taxas anuais de mortes por raios por país. 20ª Conferência Internacional sobre Deteção de Raios 21-23 de junho, Tucson, AZ, EUA e 2ª Conferência Internacional sobre Meteorologia de Raios 24-25 de abril, Tucson, AZ, EUA.

Holle RL, Lopez RE. 2003. A comparison of current lighting death rates in the U.S. with other locations and times. In: Preprints, International Conference on Lightning and Static Electricity, Royal Aeronautical Society, 16-18 de setembro, Blackpool,

Inglaterra, documento 103-34 KMS.

Holle RL, Lopez RE, Navarro BC. 2005. Mortes, ferimentos e danos causados por raios nos Estados Unidos na década de 1890 em comparação com a década de 1990. J. Appl. Meteorol. 44: 1563-1573.

Hornstein RA. 1962. Canadian lightning deaths and damage. Meteorological Branch, Department of Transport, Canada, CIR-3719, TEC-423, 11 de setembro de 1962, 5 pp.

Kandalgaonkar SS, Tinmaker MIR, Kulkarni JR, Nath A. 2003. Variação diurna da atividade dos relâmpagos na região da Índia. Geophys. Res. Lett. 30: 20-22.

Lopez RE, Holle RL. 1995. Demografia das vítimas de raios. Semin. Neurol. 15: 286-95.

Lopez RE, Holle RL. 1996. Flutuação dos acidentes com raios nos Estados Unidos: 1959-1990. J. Clim. 9: 608-615.

Lopez RE, Holle RL. 1998. Changes in the number of lightning deaths in the United States during the Twentieth Century. J. Clim. 11: 2070-2077.

Lopez RE, Holle RL, Heitkamp TA, Boyson M, Cherington M, Langford K. 1993. The underreporting of lightning injuries and deaths in Colorado. Bull. Am. Meteorol. Soc. 74: 2171-2178.

Manohar GK, Kesarkar AP. 2005. Climatology of thunderstorm activity over Indian region: latitudinal and seasonal variation. Mausam 56: 581-592.

O. Singh e J. Singh Mills B, Unrau D, Parkinson C, Jones B, Yessis J, Spring, K. 2006. Striking back: an assessment of lightning-related fatality and injury risk in Canada. Relatório técnico final, Environment Canada; 38.

Mills B, Unrau D, Parkinson C, Jones B, Yessis J, Spring K, et al. 2008. Assessment of lightning related fatality and injury risk in Canada

(Avaliação do risco de morte e lesões relacionadas com raios no Canadá). Nat. Hazards 47: 157-183.

Mills B, Unrau D, Pentelow L, Spring K. 2010. Avaliação dos danos e perturbações relacionados com os raios no Canadá. Nat. Hazards 52: 481-499.

Mulder MB, Msalu L, Caro T, Salerno J. 2012. Taxas notáveis de mortalidade por queda de raios no Malawi. PLoS One 7(1): e29281, DOI: 10.1371/journal.pone.0029281.

Murli Das S, Mohankumar G, Sampath S. 2009. Investigações sobre os mecanismos de envolvimento de objectos e pessoal em desastres com relâmpagos. J. Light. Res. 1: 36-51.

Murli Das S, Sampath S, Mohankumar G. 2007. Perigo de trovoada em Kerla. J. Marine Atmos. Res. 3: 111-117.

Nizamuddin S. 1992. Mortes causadas por relâmpagos na Índia. Weather 47: 366-367.

Pakiam JE, Chao TC, Chia J. 1981. Lightning fatalities in Singapore. Meteorol. Mag. 110: 175-187.

Ranalkar MR, Chaudhari HS. 2009. Variação sazonal da atividade dos relâmpagos no subcontinente indiano. Meteorol. Atmos. Res. 104: 125-134.

Salerno J, Msalu L, Caro T, Mulder MB. 2012. Risco de ferimentos e morte por relâmpagos no norte do Malawi. Nat. Hazards 62: 853-862.

Shearman KM, Ojala CF. 1999. Algumas causas para a imprecisão dos dados sobre relâmpagos: o caso do Michigan. Bull. Am. Meteorol. Soc. 80: 1883-1891.

Smith T. 1991. On lightning. BMJ 303(6817): 1563.

Tanriover ST, Kahraman A. 2013. Mortes e ferimentos relacionados com relâmpagos na Turquia. 7ª Conferência Europeia sobre Tempestades Severas (ECSS 2013), 3-7 de junho de 2013,

Helsínquia, Finlândia.

Thapliyal V, Kulshreshtha SM. 1991. Climate change and trends over India. Mausam 42: 333-338.

Tinmaker MIR, Chate DM. 2013. Atividade de relâmpagos sobre a Índia: um estudo do contraste leste-oeste. Int. J. Remote Sens. 34: 5641-5650.

Tyagi A. 2007. Thunderstorm climatology over Indian region. Mausam 58: 189-212.

Williams ER, Rutledge SA, Geotis SG, Renno N, Rasmusson E, Rickenbach T. 1992. Um estudo de radar e elétrico de "torres quentes" tropicais. J. Atmos. Sci. 49: 1386-1395.

Zhang W, Meng Q, Ma M, Zhang Y. 2011. Acidentes e danos causados por raios na China de 1997 a 2009. Nat. Hazards 57: 465-476.

Printed by Books on Demand GmbH, Norderstedt / Germany